U0261508

"十三五"国家重点图书出版规划项目

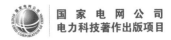

国家电网公司
电力科技著作出版项目

新能源并网与调度运行技术丛书

光伏发电功率预测技术及应用

王伟胜　车建峰　王　勃　冯双磊　编著

中国电力出版社
CHINA ELECTRIC POWER PRESS

内容提要

当前以风力发电和光伏发电为代表的新能源发电技术发展迅猛，而新能源大规模发电并网对电力系统的规划、运行、控制等各方面带来巨大挑战。《新能源并网与调度运行技术丛书》共 9 个分册，涵盖了新能源资源评估与中长期电量预测、新能源电力系统生产模拟、分布式新能源发电规划与运行、风力发电功率预测、光伏发电功率预测、风力发电机组并网测试、新能源发电并网评价及认证、新能源发电调度运行管理、新能源发电建模及接入电网分析等技术，这些技术是实现新能源安全运行和高效消纳的关键技术。

本分册为《光伏发电功率预测技术及应用》，共 9 章，分别为概述、光伏发电功率特性、面向光伏发电功率预测的数值天气预报、光伏发电短期功率预测技术、光伏发电超短期功率预测技术、光伏发电分钟级功率预测技术、分布式光伏发电功率预测技术、光伏发电功率预测结果评价、光伏发电功率预测系统及应用。全书内容具有先进性、前瞻性和实用性，深入浅出，既有深入的理论分析和技术解剖，又有典型案例介绍和应用成效分析。

本丛书既可作为电力系统运行管理专业员工系统学习新能源并网与调度运行技术的专业书籍，也可作为高等院校相关专业师生的参考用书。

图书在版编目（CIP）数据

光伏发电功率预测技术及应用/王伟胜等编著. —北京：中国电力出版社，2019.11
（2024.10 重印）

（新能源并网与调度运行技术丛书）

ISBN 978-7-5198-3981-9

Ⅰ. ①光…　Ⅱ. ①王…　Ⅲ. ①太阳能光伏发电–功率–预测技术　Ⅳ. ①TM615

中国版本图书馆 CIP 数据核字（2019）第 244367 号

出版发行：中国电力出版社
地　　址：北京市东城区北京站西街 19 号（邮政编码 100005）
网　　址：http://www.cepp.sgcc.com.cn
策划编辑：肖　兰　王春娟　周秋慧
责任编辑：周秋慧（010-63412627）
责任校对：黄　蓓　闫秀英
装帧设计：王英磊　赵姗姗
责任印制：石　雷

印　　刷：北京博海升彩色印刷有限公司
版　　次：2019 年 12 月第一版
印　　次：2024 年 10 月北京第四次印刷
开　　本：710 毫米×980 毫米　16 开本
印　　张：11.75
字　　数：208 千字
印　　数：4001—5000 册
定　　价：70.00 元

《新能源并网与调度运行技术丛书》

编 委 会

主　任　王伟胜

副主任　刘　纯　秦世耀　迟永宁　董　存

委　员（按姓氏笔画排序）

王　勃　王跃峰　王瑞明　石文辉

冯双磊　李　庆　李　琰　李少林

何国庆　张金平　范高锋　黄越辉

梁志峰　解鸿斌

秘　书　李红莉

审　稿　刘玉田　杨　耕　肖　兰　吴　涛

和敬涵　赵海翔　袁　越

　　实现能源转型，建设清洁低碳、安全高效的现代能源体系是我国新一轮能源革命的核心目标，新能源的开发利用是其主要特征和任务。

　　2006 年 1 月 1 日，《中华人民共和国可再生能源法》实施。我国的风力发电和光伏发电开始进入快速发展轨道。与此同时，中国电力科学研究院决定设立新能源研究所（2016 年更名为新能源研究中心），主要从事新能源并网与运行控制研究工作。

　　十多年来，我国以风力发电和光伏发电为代表的新能源发电发展迅猛。由于风能、太阳能资源的波动性和间歇性，以及其发电设备的低抗扰性和弱支撑性，大规模新能源发电并网对电力系统的规划、运行、控制等各个方面带来巨大挑战，对电网的影响范围也从局部地区扩大至整个系统。新能源并网与调度运行技术作为解决新能源发展问题的关键技术，也是学术界和工业界的研究热点。

　　伴随着新能源的快速发展，中国电力科学研究院新能源研究中心聚焦新能源并网与调度运行技术，开展了新能源资源评价、发电功率预测、调度运行、并网测试、建模及分析、并网评价及认证等技术研究工作，攻克了诸多关键技术难题，取得了一系列具有自主知识产权的创新性成果，研发了新能源发电功率预测系统和新能源发电调度运行支持系统，建成了功能完善的风电、光伏试验与验证平台，建立了涵盖风力发电、光伏发电等新能源发电接入、调度运行等环节的技术标准体系，为新能源有效消纳和安全并网提供了有效的技术手段，并得到广泛应用，为支撑我国新能源行业发展发挥了重要作用。

"十年磨一剑。"为推动新能源发展，总结和传播新能源并网与调度运行技术成果，中国电力科学研究院新能源研究中心组织编写了《新能源并网与调度运行技术丛书》。这套丛书共分为 9 册，全面翔实地介绍了以风力发电、光伏发电为代表的新能源并网与调度运行领域的相关理论、技术和应用，丛书注重科学性、体现时代性、突出实用性，对新能源领域的研究、开发和工程实践等都具有重要的借鉴作用。

展望未来，我国新能源开发前景广阔，潜力巨大。同时，在促进新能源发展过程中，仍需要各方面共同努力。这里，我怀着愉悦的心情向大家推荐《新能源并网与调度运行技术丛书》，并相信本套丛书将为科研人员、工程技术人员和高校师生提供有益的帮助。

中国科学院院士

中国电力科学研究院名誉院长

2018 年 12 月 10 日

　　近期得知,中国电力科学研究院新能源研究中心组织编写《新能源并网与调度运行技术丛书》,甚为欣喜,我认为这是一件非常有意义的事情。

　　记得 2006 年中国电力科学研究院成立了新能源研究所(即现在的新能源研究中心),十余年间新能源研究中心已从最初只有几个人的小团队成长为科研攻关力量雄厚的大团队,目前拥有一个国家重点实验室和两个国家能源研发(实验)中心。十余年来,新能源研究中心艰苦积淀,厚积薄发,在研究中创新,在实践中超越,圆满完成多项国家级科研项目及国家电网有限公司科技项目,参与制定并修订了一批风电场和光伏电站相关国家和行业技术标准,其研究成果更是获得 2013、2016 年度国家科学技术进步奖二等奖。由其来编写这样一套丛书,我认为责无旁贷。

　　进入 21 世纪以来,加快发展清洁能源已成为世界各国推动能源转型发展、应对全球气候变化的普遍共识和一致行动。对于电力行业而言,切中了狄更斯的名言"这是最好的时代,也是最坏的时代"。一方面,中国大力实施节能减排战略,推动能源转型,新能源发电装机迅猛发展,目前已成为世界上新能源发电装机容量最大的国家,给电力行业的发展创造了无限生机。另一方面,伴随而来的是,大规模新能源并网给现代电力系统带来诸多新生问题,如大规模新能源远距离输送问题,大量风电、光伏发电限电问题及新能源并网的稳定性问题等。这就要求政策和技术双管齐下,既要鼓励建立辅助服务市场和合理的市场交易机制,使新能源成为市场的"抢手货"，又要增强新能源自身性能，提升新能源的调度运行控制技术水平。如何在保障电网安全稳定运行的前提下，最大化消纳新能源发电，是电力系统迫切需要解决的问题。

这套丛书涵盖了风力发电、光伏发电的功率预测、并网分析、检测认证、优化调度等多个技术方向。这些技术是实现高比例新能源安全运行和高效消纳的关键技术。丛书反映了我国近年来新能源并网与调度运行领域具有自主知识产权的一系列重大创新成果，是新能源研究中心十余年科研攻关与实践的结晶，代表了国内外新能源并网与调度运行方面的先进技术水平，对消纳新能源发电、传播新能源并网理念都具有深远意义，具有很高的学术价值和工程应用参考价值。

这套丛书具有鲜明的学术创新性，内容丰富，实用性强，除了对基本理论进行介绍外，特别对近年来我国在工程应用研究方面取得的重大突破及新技术应用中的关键技术问题进行了详细的论述，可供新能源工程技术、研发、管理及运行人员使用，也可供高等院校电力专业师生使用，是新能源技术领域的经典著作。

鉴于此，我特向读者推荐《新能源并网与调度运行技术丛书》。

黄其励

中国工程院院士

国家电网有限公司顾问

2018 年 11 月 26 日

进入 21 世纪，世界能源需求总量出现了强劲增长势头，由此引发了能源和环保两个事关未来发展的全球性热点问题，以风能、太阳能等新能源大规模开发利用为特征的能源变革在世界范围内蓬勃开展，清洁低碳、安全高效已成为世界能源发展的主流方向。

我国新能源资源十分丰富，大力发展新能源是我国保障能源安全、实现节能减排的必由之路。近年来，以风力发电和光伏发电为代表的新能源发展迅速，截至 2017 年底，我国风力发电、光伏发电装机容量约占电源总容量的 17%，已经成为仅次于火力发电、水力发电的第三大电源。

作为国内最早专门从事新能源发电研究与咨询工作的机构之一，中国电力科学研究院新能源研究中心拥有新能源与储能运行控制国家重点实验室、国家能源大型风电并网系统研发（实验）中心和国家能源太阳能发电研究（实验）中心等研究平台，是国际电工委员会 IEC RE 认可实验室、IEC SC/8A 秘书处挂靠单位、世界风能检测组织 MEASNET 成员单位。新能源研究中心成立十多年来，承担并完成了一大批国家级科研项目及国家电网有限公司科技项目，积累了许多原创性成果和工程技术实践经验。这些成果和经验值得凝练和分享。基于此，新能源研究中心组织编写了《新能源并网与调度运行技术丛书》，旨在梳理近十余年来新能源发展过程中的新技术、新方法及其工程应用，充分展示我国新能源领域的研究成果。

这套丛书全面详实地介绍了以风力发电、光伏发电为代表的新能源并网及调度运行领域的相关理论和技术，内容涵盖新能源资源评估与功率预测、建模与仿真、试验检测、调度运行、并网特性认证、随机生产模拟及分布式发电规划与运行等内容。

根之茂者其实遂，膏之沃者其光晔。经过十多年沉淀积累而编写的《新能源并网与调度运行技术丛书》，内容新颖实用，既有理论依据，也包含大量翔实的研究数据和具体应用案例，是国内首套全面、系统地介绍新能源并网与调度运行技术的系列丛书。

我相信这套丛书将为从事新能源工程技术研发、运行管理、设计以及教学人员提供有价值的参考。

中国工程院院士
中国电力科学研究院院长
2018 年 12 月 7 日

前　言

　　风力发电、光伏发电等新能源是我国重要的战略性新兴产业，大力发展新能源是保障我国能源安全和应对气候变化的重要举措。自 2006 年《中华人民共和国可再生能源法》实施以来，我国新能源发展十分迅猛。截至 2018 年底，风电累计并网容量 1.84 亿 kW，光伏发电累计并网容量 1.72 亿 kW，均居世界第一。我国已成为全球新能源并网规模最大、发展速度最快的国家。

　　中国电力科学研究院新能源研究中心成立至今十余载，牵头完成了国家 973 计划课题《远距离大规模风电的故障穿越及电力系统故障保护》（2012CB21505），国家 863 计划课题《大型光伏电站并网关键技术研究》（2011AA05A301）、《海上风电场送电系统与并网关键技术研究及应用》（2013AA050601），国家科技支撑计划课题《风电场接入电力系统的稳定性技术研究》（2008BAA14B02）、《风电场输出功率预测系统的开发及示范应用》（2008BAA14B03）、《风电、光伏发电并网检测技术及装置开发》（2011BAA07B04）和《联合发电系统功率预测技术开发与应用》（2011BAA07B06），以及多项国家电网有限公司科技项目。在此基础上，形成了一系列具有自主知识产权的新能源并网与调度运行核心技术与产品，并得到广泛应用，经济效益和社会效益显著，相关研究成果分别获 2013 年度和 2016 年度国家科学技术进步奖二等奖、2016 年中国标准创新贡献奖一等奖。这些项目科研成果示范带动能力强，促进了我国新能源并网安全运行与高效消纳，支撑中国电力科学研究院获批新能源与储能运行控制国家重点实验室，新能源发电调度运行技术团队入选国家"创新人才推进计划"重点领域创新团队。

为总结新能源并网与调度运行技术研究与应用成果，分析我国新能源发电及并网技术发展趋势，中国电力科学研究院新能源研究中心组织编写了《新能源并网与调度运行技术丛书》，以期在全国首次全面、系统地介绍新能源并网与调度运行技术，为新能源相关专业领域研究与应用提供指导和借鉴。

本丛书在编写原则上，突出以新能源并网与调度运行诸环节关键技术为核心；在内容定位上，突出技术先进性、前瞻性和实用性，并涵盖了新能源并网与调度运行相关技术领域的新理论、新知识、新方法、新技术；在写作方式上，做到深入浅出，既有深入的理论分析和技术解剖，又有典型案例介绍和应用成效分析。

本丛书共分 9 个分册，包括《新能源资源评估与中长期电量预测》《新能源电力系统生产模拟》《分布式新能源发电规划与运行技术》《风力发电功率预测技术及应用》《光伏发电功率预测技术及应用》《风力发电机组并网测试技术》《新能源发电并网评价及认证》《新能源发电调度运行管理技术》《新能源发电建模及接入电网分析》。本丛书既可作为电力系统运行管理专业员工系统学习新能源并网与调度运行技术的专业书籍，也可作为高等院校相关专业师生的参考用书。

本分册是《光伏发电功率预测技术及应用》。第 1 章介绍了光伏发电功率预测的发展现状、国内外研究历程与应用现状。第 2 章介绍了光伏发电功率特性及影响因素，包括光伏发电原理、光伏发电功率影响因素及波动特性分析。第 3 章介绍了面向光伏发电功率预测的数值天气预报。第 4～6 章分别介绍了光伏发电短期、超短期和分钟级功率预测技术。第 7 章介绍了分布式光伏发电功率预测技术。第 8 章介绍了光伏发电功率预测结果评价。第 9 章介绍了光伏发电功率预测系统及应用。本分册的研究内容得到了国家重点研发计划项目《促进可再生能源消纳的风电/光伏发电功率预测技术及应用》（项目编号：2018YFB0904200）的资助。

本分册由王伟胜、车建峰、王勃、冯双磊编著，其中，第 1 章、第 2 章由王伟胜编写，第 3～5 章由车建峰编写，第 6 章、第 7 章由王勃编写，第 8 章、第 9 章由冯双磊编写。全书编写过程中得到了王钊、宋宗朋、胡菊、裴岩的大力协助，王伟胜对全书进行了审阅，提出了修改意见和完善建议。本丛书还得到了中国科学院院士、中国电力科学研究院名誉院长周孝信，中国工程院院士、国家电网有限公司顾问黄其励，中国工程院院士、中国电力科学研究院院长郭剑波的关心和支持，并欣然为丛书作序，在此一并深表谢意。

《新能源并网与调度运行技术丛书》凝聚了科研团队对新能源发展十多年研究的智慧结晶，是一个继承、开拓、创新的学术出版工程，也是一项响应国家战略、传承科研成果、服务电力行业的文化传播工程，希望其能为从事新能源领域的科研人员、技术人员和管理人员带来思考和启迪。

科研探索永无止境，新能源利用大有可为。对书中的疏漏之处，恳请各位专家和读者不吝赐教。

作　者

2019 年 9 月

目　录

第 1 章

概　　述

随着环境问题的日益凸显、能源需求的不断增长和光伏发电技术的逐步成熟，在各国政府相关政策支持下，近年来光伏发电产业得到了快速发展。国外对光伏发电的开发利用较早，相关配套政策和辅助机制较为完备；国内光伏发电的开发起步相对较晚，但发展迅猛，截至 2018 年底，我国光伏发电累计装机容量已稳居全球首位。

光伏发电输出功率具有强烈的随机性、波动性，随着光伏发电装机容量占比的不断提高，其输出功率的不确定性带来了一系列调度运行问题。对光伏发电输出功率进行准确预测是降低不确定性影响的有效手段。世界各国相继开展了光伏发电功率预测的技术研究，提出了基于多种技术分类的光伏发电功率预测方法，并研发了相应的功率预测系统，经过多年发展，功率预测已成为光伏发电调度运行技术的重要组成部分。

1.1　光伏发电功率预测的发展

20 世纪 90 年代末，我国开始大力发展光伏发电。2001 年开始实施的"光明工程计划"，旨在通过光伏发电解决偏远山区用电问题。2004 年在深圳国际园林花卉博览园建成 1MW 并网光伏电站，该电站是我国首座兆瓦级并网光伏电站，也是当时亚洲最大的并网光伏电站。2011 年以后，并网型光伏项目成为主流，随着各项利好政策的推出，光伏发电装机总容量和增长率均飞速发展，我国逐渐成为光伏发电大国。据国家能源局统计，截至 2018 年底，我国光伏发电装机容量达到 1.744 6 亿 kW，其中集中式光伏电站 12 384 万 kW，分布式光伏电站 5062 万 kW。图 1-1 是 2008～2018 年我国光伏发电装机容量的变化情况，光伏发电装机容量年平均增长率为 120%。2018 年我国各省光伏发电累计装机容量统计见表 1-1。

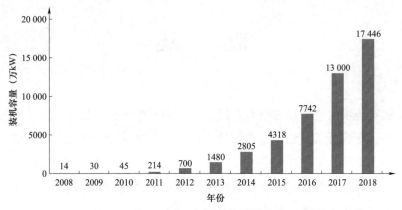

图 1-1　2008～2018 年我国光伏发电装机容量

表 1-1　　2018 年我国各省光伏发电累计装机容量统计表

省（自治区、直辖市）	装机容量（万 kW）	集中式光伏发电装机容量（万 kW）	集中式光伏发电装机容量占比（%）	分布式光伏发电装机容量（万 kW）	分布式光伏发电装机容量占比（%）
北京	40	5	12.50	35	87.50
天津	128	97	75.78	31	24.22
河北	1234	856	69.37	378	30.63
山西	864	681	78.82	183	21.18
内蒙古	945	912	96.51	33	3.49
辽宁	302	219	72.52	83	27.48
吉林	265	203	76.60	62	23.40
黑龙江	215	141	65.58	74	34.42
上海	89	6	6.74	83	93.26
江苏	1332	792	59.46	540	40.54
浙江	1138	362	31.81	776	68.19
安徽	1118	677	60.55	441	39.45
福建	148	37	25.00	111	75.00
江西	536	294	54.85	242	45.15
山东	1361	648	47.61	713	52.39

续表

省（自治区、直辖市）	装机容量（万 kW）	集中式光伏发电装机容量（万 kW）	集中式光伏发电装机容量占比（%）	分布式光伏发电装机容量（万 kW）	分布式光伏发电装机容量占比（%）
河南	991	600	60.54	391	39.46
湖北	510	335	65.69	175	34.31
湖南	292	126	43.15	166	56.85
广东	527	282	53.51	245	46.49
广西	124	94	75.81	30	24.19
海南	136	123	90.44	13	9.56
重庆	43	39	90.70	4	9.30
四川	181	167	92.27	14	7.73
贵州	178	168	94.38	10	5.62
云南	343	331	96.50	12	3.50
西藏	98	98	100.00	0	0.00
陕西	716	613	85.61	103	14.39
甘肃	828	779	94.08	49	5.92
青海	956	946	98.95	10	1.05
宁夏	816	762	93.38	54	6.62
新疆	992	991	99.90	1	0.10
总计	17 446	12 384	70.98	5062	29.02

注 1. 以上统计不包括港澳台地区。

2. 数据来源为国家可再生能源中心。

光伏发电输出功率有较强的随机性、波动性，大规模接入电网会导致发用电平衡难度加大。某光伏电站连续 7 天每天不同时刻的输出功率曲线如图 1-2 所示。

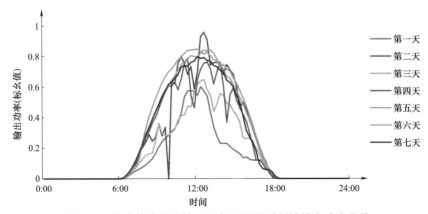

图 1-2 某光伏电站连续 7 天每天不同时刻的输出功率曲线

对光伏发电功率进行预测是提升光伏发电消纳能力、保障电力系统安全的重要技术手段。光伏发电功率预测是采用数值天气预报（numerical weather prediction，NWP）数据、光伏电站历史运行数据、实测气象数据、光伏组件设备状态数据等建立输出功率的预测模型，实现对未来一定时间段内光伏电站输出功率的预测。光伏发电功率预测对电网调度运行的价值体现如下：

（1）光伏发电功率预测能够提供未来光伏发电功率变化过程，电网调控部门可根据预测结果优化机组启停计划，减少开机，降低旋转备用容量，为光伏发电预留消纳空间，提升消纳水平。

（2）根据光伏发电功率预测和负荷预测结果，电网调控部门可制订常规电源发电计划，实时调整常规电源功率，保障发用电动态实时平衡。

此外，我国正在积极开展电力市场化进程，部分地区已推进电力现货交易，在未来的电力市场机制下，光伏发电功率预测的作用将越来越重要，预测精度的高低不仅影响光伏发电消纳，还会影响市场参与者的经济收益。对发电企业来说，光伏发电功率预测的作用主要体现在：

（1）在日前市场中，企业根据短期预测结果参与市场竞价，预测结果的好坏直接影响次日报价；若日前市场预测精度差，需要在日内市场中付出较为高昂的代价来补偿。

（2）在日内市场中，根据超短期预测结果不断修正短期预测结果并调整日前市场中的每小时计划电量，预测精度越高，在日内市场中需要买进或卖出的差额电量越少，所支付的费用也越少。日内市场调整后的每小时光伏发电计划功率与实际功率越接近，在实时市场中需要调度调整的电量越少，企业需要支付的费用也越少。

1.2 国内外研究历程与应用现状

从 20 世纪 80 年代开始，世界能源消耗加速，德国、西班牙、美国和日本等国率先进入光伏发电领域，为保障光伏发电的高效消纳，上述各国开展了光伏发电功率预测理论和应用技术研究，并取得了较为丰硕的研究成果。虽然我国在 20 世纪 90 年代就开始发展光伏发电装备制造产业，但直到 21 世纪初才开展光伏发电功率预测技术研究，目前也取得了大量的研究成果。

1.2.1 国内外研究历程

光伏发电功率预测可采用多种方法，在深入分析和归纳国内外主要方法的基础上，从发展状况、技术特点及预测效果等方面对光伏发电功率预测技术发展历程进行总结。

光伏发电功率受气象因素影响较大，早期的光伏发电功率预测以辐照度、温度等气象要素为输入，通过构建光伏电站的物理预测模型，将 NWP 的相关气象要素转化为光伏组件的输出功率，进而实现光伏发电功率预测。20 世纪 80 年代，美国学者最先提出了基于光伏半导体设备物理原理，以温度、辐照度为输入量的奥斯特瓦尔德（Osterwald）预测模型；西班牙学者基于光伏组件设计原理，进一步提出了阿劳约–格林（Araujo–Green）预测方法；20 世纪 90 年代初期，日本学者提出了利用太阳辐照度预测光伏阵列输出电能的物理预测模型；21 世纪初，随着技术的发展，气象—功率转换模型将更多因素考虑进去，如有效辐照度的转换等，中国电科院研究人员利用物理方法研究并开发了中国首套光伏发电功率预测系统，为光伏发电功率预测技术在国内的推广应用奠定了基础。由于模型机理认知的局限性及缺乏误差的反馈修正环节，物理方法的预测精度一般来说不是很理想。

为进一步提高光伏发电功率预测的应用价值，以数据驱动为代表的预测模型建立方法被广泛研究，主要分为线性映射和非线性映射两种形式。

在线性映射方面，主要是时间序列分析法，典型的代表模型为自回归模型（AR）、滑动平均模型（MA）、自回归滑动平均模型（ARMA）、差分整合滑动平均自回归模型（ARIMA）等，20 世纪 80～90 年代，西班牙马拉加大学的西德拉赫·德·卡多纳最先开展了将多元线性回归模型用于独立光伏系统发电预测的研究工作；美国学者乔杜里最早开展了利用 ARMA 和 ARIMA 对光伏发电系统发电量进行预测的研究。时间序列分析法的原理相对简单，但随着预测时长的增加，预测精度下降明显。

在非线性映射方面，国内外学者重点研究了基于机器学习算法的光伏电站统计预测模型，挖掘 NWP 的气象要素与光伏发电功率的复杂非线性映射关系。最常用的模型有人工神经网络（artificial neural network，ANN）、支持向量机（support vector machine，SVM）及马尔可夫链等。20 世纪 90 年代开始，日本学者桧山和约纳最先开展了利用辐照度、温度、风速、湿度等作为主要输入要素，采用前向反馈神经网络算法（feed-forward neural network，FFNN）对光伏阵列发电功率进行预测的研究；在国内，华北电力大学最先利用气象资料和美国国家航空航天局（National Aeronautics and Space Administration，NASA）提供的保定地区太阳辐射数据，建立了基于 SVM 回归的光伏系统功率预测模型，并进一步采用试验用 120W 光伏阵列发电量、地表太阳辐照度、气温等观测数据对该预测模型进行了改进；合肥工业大学研究并建立了改进的 BP 神经网络（back propagation neural network，BPNN）模型及经过修正状态转移矩阵的马尔可夫链预测模型，实现了光伏发电短期功率预测；统计模型通过训练的迭代反馈机制使映射关系具有较高的容错能力，提高了光伏发电功率预测精度。

光伏发电在不同天气类型下的功率特性差异明显，针对不同天气类型分别建立预测模型，被认为是一种提高光伏发电功率预测精度的重要手段，也是研究热点之一。华中科技大学研究人员分别建立了晴天、多云、阴雨 3 种不同的预测子模型，基于未来天气类型的分类识别，选择对应的预测子模型。基于天气类型的分类预测建模，预测效果较单一模型有所提升。

近年来，随着深度学习算法的不断进步，深度学习算法中的递归神经网络（recursive neural network，RNN）、长短期记忆网络（long short-term memory，LSTM）、卷积神经网络（convolutional neural network，CNN）等方法也被引入到光伏发电短期功率预测中，有学者采用两个并行的卷积神经网络进行特征提取，并利用长短期记忆网络进行光伏发电功率预测，预测精度较高。

在多云等天气情况下，地表接收到的辐照度受云团对太阳遮挡的影响，会在短时间内快速波动。为实现对光伏发电快速波动的预测，引入云图信息的预测方法被提出并取得了相应的成果。目前国内外研究中一般采用卫星云图或地基云图作为表征云团遮挡的基础信息。华北电力大学、中国电科院研究人员将地基云图作为云团运动及遮挡预测的依据；洛伦兹等基于卫星云图进行地面辐照度的预测。通过云图的引入，为光伏发电功率的快速波动预测提供了手段，但受观测手段及方法的局限，此方向的研究和应用还处于逐步探索和完善阶段。

1.2.2　国外应用现状

2003 年，法国美迪公司研发了可用于估算太阳能资源、评估年产量、确定光伏板的最佳位置的 MeteodynPV 软件。此外，该软件还可以实现光伏发电功率预测，支持未来 5～30min、30min～6h 和 6～48h 三个时间尺度。目前主要应用于欧洲的部分地区。

丹麦能源预测与优化公司开发的 SOLARFOR 系统是一种基于物理模型和先进机器学习算法的自学习自标定光伏发电功率预测软件系统，该系统将功率历史数据、短期的 NWP 信息、历史功率数据、地理信息、日期等要素进行结合，利用自适应预测模型对光伏发电系统进行短期（0～48h）功率预测。SOLARFOR 系统使用历史气象和功率数据进行初始化，用来训练描述光伏电站功率曲线的模型或相关数据。该系统目前已为欧洲、北美、澳洲等国家提供了 10 年以上的光伏发电功率预测与优化服务。

美国清洁能源研究公司从 1998 年 1 月 1 日起开始提供美国、加拿大、墨西哥、加勒比地区的 7 天太阳辐照度与光伏发电功率预测服务，此后将业务逐渐拓展到南美洲等地区。

1.2.3　国内应用现状

国内从事光伏发电功率预测研究的主要有中国电科院、国网电科院、华北电力大学、华中科技大学等科研机构和高校。

2010 年 3 月，由中国电科院开发的"宁夏电网光伏一体化功率预测系统"在宁夏电力调控中心上线运行，同期，包含 6 座场馆光伏发电系统功率预测功能的上海世博会"新能源综合接入系统"上线运行；2011 年，由国网电科院研发的光伏电站功率预测系统在甘肃电力调度中心上线运行；2011 年和 2013 年，湖北省气象服务中心先后开发的"光伏发电功率预测预报系统" V1.0 和 V2.0 版本在全国多省市进行推广运行；2011 年，北京国能日新系统控制技术有限公司开发的"光伏功率预测系统（SPSF-3000）"上线运行；2012 年，国电南瑞科技股份有限公司研发的"NSF3200 光伏功率预测系统"在青海、宁夏等多个省份的光伏电站投入运行。2012 年开始，由国家电网公司组织研发的智能电网调度控制系统 D5000 完成研发，光伏发电功率预测作为 D5000 新能源监测与调度模块的一个子模块，陆续在全网多个省份投入运行。表 1−2 是国内应用较为广泛的光伏发电功率预测系统。

表 1−2　　　　　　　　国内主要光伏发电功率预测系统

时间	预测系统	特点	采用方法	开发者	应用范围
2010 年	SPFS	以高精度 NWP 为输入，通过物理、统计以及混合模型，可实现短期和超短期功率预测	组合方法	中国电科院	宁夏、新疆、青海等省（区）
2011 年	SPSF−3000	具备高精度 NWP、光伏信号数值净化、高性能时空模式分类器、网络化实时通信、通用电力信息数据接口、神经网络模型等模块	组合方法	北京国能日新系统控制技术有限公司	河北、江西等省（区）
2012 年	NSF3200	为用户提供友好的访问界面，支持数据的统计分析、用户管理、计划填报、通道报警等功能	组合方法	国电南瑞科技股份有限公司	青海、宁夏等省（区）
2013 年	光伏发电功率预测预报系统 V2.0	基于 B/S 架构，通过集合预报法实现多种预报方法的集成优化	组合方法	湖北省气象服务中心	甘肃、青海等省（市）

1.3　光伏发电功率预测技术分类

光伏发电功率预测技术从不同的角度有不同的分类方式，常用的光伏发电功率预测技术主要基于时间尺度、预测对象和预测方法进行分类。

1.3.1　基于时间尺度分类

世界各国对光伏发电功率预测的应用场景不同，因此，国际上对光伏发电功率预测时间尺度的划分没有统一的标准。归纳来看，目前最常用的预测时间尺度可划分为短期、超短期和分钟级三类。分钟级功率预测是为了解决光伏发电功率快速波动对系统稳定运行的影响。多云天气下的地表辐照度受云团生消与运动的影响，其变化具有随机、快速、剧烈等特点，传统预测算法在短期和超短期两个时间尺度上基本无法解决该问题。

（1）光伏发电短期功率预测。根据国内相关标准的规定，光伏发电短期功率预测应能预测次日零时起至未来 72h 的光伏电站输出功率，时间分辨率为 15min。光伏发电短期功率预测一般需要以 NWP 的辐照度、温度等气象要素预报结果作为预测模型的输入，主要预测方法有物理方法、统计方法及组合方法等。

（2）光伏发电超短期功率预测。根据国内相关标准的规定，光伏发电超短期功率预测应能预测未来 15min～4h 光伏电站输出的有功功率，时间分辨率为 15min。常用的光伏发电超短期功率预测方法包括统计外推法、持续法及机器学习算法等。

（3）光伏发电分钟级功率预测。在光伏发电分钟级功率预测方面，尚未出台相关的标准给予明确的时间尺度规定，但该内容是目前的研究热点，比较普遍的时间尺度是预测未来 0～2h 的有功功率，时间分辨率不低于 5min。光伏发电分钟级功率预测利用图像处理、模式识别等技术，预估云团在未来时段对太阳的遮挡，进而实现光伏发电分钟级功率预测。

1.3.2 基于预测对象分类

光伏发电功率预测技术根据预测对象的不同可分为分布式光伏发电功率预测、单光伏电站功率预测、光伏集群功率预测。

（1）分布式光伏发电功率预测。分布式光伏发电功率预测的预测对象是区域分布式光伏的总功率，由于分布式光伏具有数量多、地理分布广的特点，其预测方法与集中式光伏发电有差异，通常采用网格化、统计升尺度等预测方法。

（2）单光伏电站功率预测。单光伏电站功率预测指以单个光伏电站的输出功率为预测目标的预测技术，是目前的研究和应用重点。

（3）光伏集群功率预测。光伏集群功率预测指对较大空间内多个光伏电站组成的光伏集群进行整体功率预测，常用的预测方法有累加法、统计升尺度法和空间资源匹配法等。

1.3.3 基于预测方法分类

根据不同的功率预测方法，光伏发电功率预测可分为物理方法、统计方法和组合方法。

（1）物理方法。物理方法是根据光伏电站的发电原理，利用地理位置、装机容量、光伏电池板的特性参数、光伏组件的安装倾角等信息，建立描述光伏发电功率与太阳辐照度关系的预测模型。该方法最大的特点是不需要光伏电站历史运行数据，适用于新建或运行数据较少的光伏电站。但由于该方法需要模拟光伏发电的物理过程，存在由于模型不准确、基础信息有误等原因导致的系统性偏差。

（2）统计方法。统计方法以光伏电站历史运行数据和历史 NWP 数据的关联性进行统计分析为基础，建立 NWP 数据与光伏电站输出功率之间的映射关系。与物理方法相比，统计方法原理简单，但对突变信息的处理能力较差。对于新建的光伏电站，由于历史数据不足，统计方法也不能适用。

人工智能方法属于统计方法，但较传统的统计方法更为先进。传统的统计方法使用解析方程来描述输入和输出之间的关系，而人工智能方法是以历史数据、NWP 数据或局部时序外推的结果数据作为输入信息，建立输出量和多变量之间的非线性映射关系。人工智能方法需要大量的历史观测数据来建立模型，具有精确度高的特点。人工智能方法同时适用于光伏发电分钟级、超短期和短期功率预测。人工智能方法由于需要大量历史数据，也存在与统计方法相同的局限性。

（3）组合方法。组合方法是指结合光伏发电功率数据、气象数据的特点，通过对物理方法、统计方法、人工智能方法等不同预测方法采取合适的权重进行加权平均的光伏发电功率预测方法，以便于最大化发挥各个方法的优势，提高光伏发电功率预测精度，如基于时间序列和神经网络的组合预测等。

第 2 章

光伏发电功率特性

受一次资源影响，光伏发电功率具有随机性和波动性。影响光伏发电功率的因素众多，如太阳辐照度、环境温度、相对湿度、光伏组件的安装角度和转换效率等，其中太阳辐照度是最主要的气象因素，由于光伏发电系统无旋转部件、缺乏惯量，受云层生消、快速移动的影响，光伏发电功率的波动幅度和波动频率明显高于风电，分钟级的功率波动甚至可达到装机容量的 80%以上。由于平滑效应，光伏发电功率在不同时间和空间尺度下展现出不同的波动特征。

2.1 光伏发电的基本原理

光伏发电是一种通过光电效应将光能直接转化为电能的过程。一般来说，光伏电池容量小、电压和电流低，应用范围有限。随着技术的发展，目前可将一定数量的光伏电池集中构成光伏组件或光伏阵列，经过汇集、逆变、升压等环节后接入电网。

光伏电池是特殊设计的 P−N 结器件，其工作原理是半导体 P−N 结的光生伏打效应。当光照射光伏电池后，在入射光与光伏电池原子上产生电子—空穴对，当电子—空穴对靠近 P−N 结时，由于电池 P−N 结形成的内建电场致使电子漂移至 N 区、空穴漂移至 P 区，使得 N 区存储富余的电子，P 区存储富余的空穴，形成与内建电场相反的光生电场。当光伏电池板接入负载时，电子由 N 区经由导线流向 P 区，使负载获得电

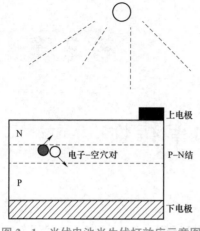

图 2-1 光伏电池光生伏打效应示意图

能。光伏电池光生伏打效应示意图如图 2-1 所示。

光伏电池单二极管等效电路模型如图 2-2 所示,其中电流源代表光生伏打效应,二极管表征硅电池 P-N 结的电压电流特性。

在光照下,光伏电池组件产生一定的电动势,通过组件的串、并联形成电池阵列,光照超过一定程度后,电池阵列的电压达到系统输入电压的要求,即可发电。通过光伏电池将太阳辐射能转换成电能的发电系统称为光伏发电系统。

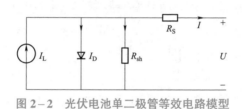

图 2-2 光伏电池单二极管等效电路模型

2.2 光伏发电功率的影响因素

影响光伏发电功率的因素众多,如太阳辐照度、环境温度、相对湿度、光伏组件的安装角度和转换效率等。理论上,进行光伏发电功率预测时以上影响因素都需要考虑。各类影响因素及其在光伏发电中的作用如图 2-3 所示,由于光伏电站地理条件和电站设计参数在电站建造时就已确定,因此,在光伏电站日常运行中,光伏发电功率主要受到气象和电气效率因素的影响。

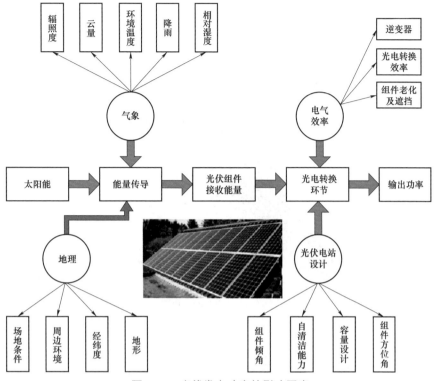

图 2-3　光伏发电功率的影响因素

2.2.1　气象因素

气象因素是影响光伏发电功率的重要因素，光伏发电功率的波动也主要是由气象因素造成。影响光伏发电功率的气象因素主要包括太阳辐照度、环境温度、相对湿度及降雨降雪等天气过程。

2.2.1.1　太阳辐照度

太阳辐照度的物理意义是在单位时间内，垂直投射在地球某一单位面积上的太阳辐照能量。太阳辐照度是光伏电池产生光生伏打效应的直接影响因素，辐照度的大小直接影响光伏电池功率的大小，是影响光伏电池功率的最主要气象因素。

图 2-4 为某光伏电站实际功率与实测辐照度的散点图，可见光伏电站的实际功率与辐照度基本成正比。图 2-5 为在特定温度下，不同辐照度对应的光伏电池伏安特性曲线，随着辐照度的增大，光伏电池的开路电压、

短路电流变大，伏安特性曲线逐步向外侧偏移，输出功率增大。

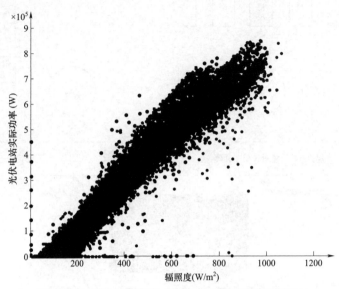

图 2-4　光伏电站实际功率与实测辐照度的散点图

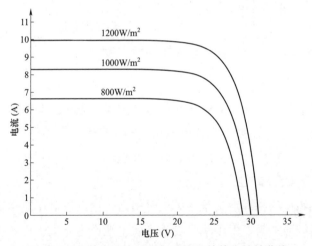

图 2-5　光伏电池在不同辐照度下的伏安特性曲线

目前，主流光伏电池的吸收波长介于 400～1100nm 范围内，与太阳短波辐射的可见光波段大致相符。晴空条件下光伏电站的太阳辐照度受光伏电站所处经纬度、太阳高度角、方位角等因素影响，使得位于不同地理位置的光伏电站输出功率特性呈现出一定的差异。对于特定的光伏电站，晴空条件下的输出功率形态随太阳辐照度呈现相对平滑的抛物线形,如图 2-6 所示。

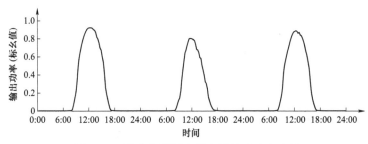

图 2-6 晴空条件下光伏电站输出功率曲线

此外,光伏发电还受到太阳辐照度和日照时间的季节变化影响,具体表现为光伏发电功率的起止时间和峰值的季节性变化。其中,冬季的日照时间较短,地表入射短波辐射较夏季低,因此晴空条件下的光伏发电功率曲线呈现整体减弱的态势。

2.2.1.2 环境温度

环境温度是大气分子热运动的度量,大气分子热运动的动能愈大,温度愈高。环境温度与太阳辐照度直接相关,其数值高低反映了辐照度的变化。尤其在晴天等天空遮蔽物较少的情况下,环境温度的升高往往是由于太阳辐照度增大引起的。通常,日平均温度越高,光伏发电功率就越大,这主要由较高的辐照度引起。

2.2.1.3 相对湿度

通常情况下,相对湿度较大时,空气流动性较差,水汽含量较高,阻挡了地面的有效反射辐射,光伏发电功率会有一定程度的降低。当温度变化时,饱和水汽压和实际水汽压都要发生变化,但实际水汽压的变化远小于饱和水汽压的变化。因此,当温度升高时,相对湿度会减小;当温度降低时,相对湿度会增大。相对湿度与环境温度有较强的耦合关系。

2.2.1.4 非晴空条件的影响

非晴空条件一般指多云、降雨、轻雾、沙尘、降雪等复杂天气条件。

由大气辐射原理可知，可见光波段的太阳辐射能受大气成分、云层、水汽等因素的影响。复杂天气现象将影响到达地表的太阳辐射，导致光伏发电功率特性变得复杂。主要的影响因素如下：

（1）大气成分的显著变化。通常情况下，大风扬沙、沙尘暴等天气事件会显著影响区域大气透明度的时空分布，其中折射、漫散射效应将大幅削减地表入射短波辐射，造成光伏发电功率特性显著区别于晴空条件。

（2）多云及降雨过程。当光伏电站所处区域的天空云量增加时，云层厚度、云底高度和云类的变化将导致大气折射、吸收、散射效应趋于复杂。此外，云的大小、形状、速度和方向都在持续地变化，具有随机性，会导致光伏发电功率发生随机性波动。

（3）降雪过程。降雪过程与其他天气现象的差异之处在于，光伏组件表面的遮蔽物可长时间停留，使得光伏发电功率接近为零。

图 2−7 给出了某光伏电站在非晴空条件下的输出功率特性曲线，可见日变化过程中呈现出明显的随机波动特征。

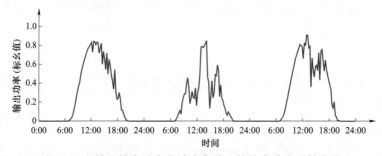

图 2−7　某光伏电站在非晴空条件下的输出功率特性曲线

2.2.2　光伏组件因素

除了气象因素影响，光伏组件的转换效率也是影响光伏发电功率的重要因素之一。光伏组件的转换效率主要受到组件温度、标准测试条件下的光电转换效率、组件安装角度、组件老化和遮挡等因素的影响。

2.2.2.1　组件温度

当光伏电池被照射时，通常只有不到 20% 的太阳辐射能转变为电能，其余绝大部分转变为热量，并导致电池发热。组件温度会影响到组件的伏安特性，进而影响组件的发电功率。图 2-8 是光伏组件在不同温度下的伏安特性曲线。组件温度对于并网光伏电站发电功率的影响主要表现在光伏电池性能随组件温度的变化而变化，在光照强度不变的情况下，随着光伏电池温度的增加，开路电压减小，工作效率下降。一般情况下，在 20~100℃ 范围，温度每升高 1℃，每片电池的电压约减小 2mV；而光电流随温度的增加略有上升，温度每升高 1℃，每片电池的光电流约增加千分之一。组件温度的升高对于开路电压的影响远远大于短路电流的影响，因此，组件温度升高，光伏电池的功率下降，典型温度系数为 –0.35%/℃，即光伏电池温度每升高 1℃，功率减少 0.35%。

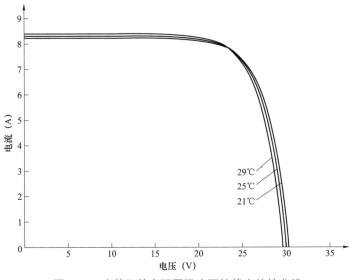

图 2-8　光伏组件在不同温度下的伏安特性曲线

根据上述光伏组件的温度特性，晴空条件下，临近午间时刻，地表入射短波辐射稳步增加，功率增大。同时，地表环境温度升高，可造成光伏组件温度显著高于实验室的标定值，进而导致光伏电站输出功率在光照条件充沛时无法达到额定满发值，甚至低于较低辐照度条件下的输出值，使得光伏发电功率有可能呈现"马鞍"形特征，如图 2-9 所示。

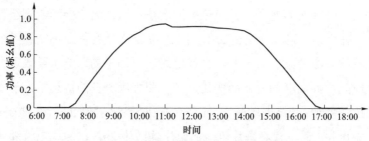

图 2-9　光伏组件温度对光伏发电功率的影响

2.2.2.2　组件光电转换效率

按照《光伏器件　第 1 部分：光伏电流—电压特性的测量》（GB/T 6495.1—1996）规定，光伏组件的光电转换效率计算公式为

$$\eta = \frac{P_{max}}{1000S} \qquad (2-1)$$

式中　η ——光伏组件的光电转换效率；

　　P_{max} ——标准测试条件下光伏组件的最大输出功率，W；

　　S ——光伏组件的面积，m^2。

其中标准测试条件是太阳辐照度 $1000W/m^2$、光伏组件的工作温度（25±2）℃。

光伏组件的光电转换效率主要受光伏组件的材质类型影响，综合光伏组件转换效率、技术水平、生产工艺成熟度等因素，对于大型并网光伏电站来说，目前常用的组件类型大体可以划分为晶硅类组件和非晶硅类组件。晶硅类组件又分为单晶硅光伏电池和多晶硅光伏电池，非晶硅类组件主要为薄膜光伏电池。

（1）单晶硅光伏电池。单晶硅光伏电池是目前市场上常见的高效率电池组件。单晶硅产业链的生产工艺及技术突破决定了其拥有较完美的晶格，能更好地吸收光照，具有较高的转换效率。对于单晶硅光伏电池来说，光伏转换效率基本可达到18%以上。

（2）多晶硅光伏电池。相比于单晶硅光伏电池，多晶硅光伏电池的硅片是多个微小的单晶组合，中间有大量的晶界，实际上是少子复合中心，因此降低了转换效率。目前常规电池线上，多晶硅光伏电池效率约在16%。

（3）薄膜光伏电池。实验测试结果表明，单结非晶硅薄膜电池的转换效率可达 12.7%，微晶硅多结薄膜电池效率的转换效率可达 13.4%，碲化镉（CdTe）薄膜电池的转换效率可达 16%，具有广阔的发展前景。

2.2.2.3　组件安装角度

光伏组件的安装需要考虑倾角和方位角两个角度。倾角是光伏组件与水平地面之间的夹角，方位角是光伏组件的朝向与正南方向的夹角。无论是倾角还是方位角的变化，都会对同等条件下光伏发电量的大小造成影响。

2.2.2.4　组件老化和遮挡

在光伏电站的生命周期中，组件效率、电气元件性能将逐步降低，发电量随之逐年递减。一般光伏电站的发电量模型中，系统发电量 3 年递减约 5%。除去这些自然老化的因素，还有组件、逆变器的质量问题，以及线路布局、灰尘、串并联损失、线缆损失等多种偶然因素的影响。

灰尘遮挡是影响光伏发电能力的重要因素，其对光伏发电的影响包括：① 遮蔽降低组件接收的太阳辐照度，从而影响发电量；② 影响组件散热，从而影响转换效率；③ 具备酸碱性的灰尘长时间沉积在组件表面，将侵蚀板面，造成板面粗糙不平，反过来促进灰尘的进一步积聚，同时还增加了阳光的漫反射。

阴影、积雪遮挡同样影响光伏电站的整体发电能力。如果光伏电站周围有高大建筑物，会对光伏组件造成阴影，设计时应尽量避开。当光伏组件上有积雪时，同样会影响光伏组件接收太阳能，进而影响发电能力。

2.3　光伏发电功率波动特性分析

光伏发电系统无旋转部件、缺乏惯量，受云层生消、快速移动的影响，光伏发电功率的波动幅度和波动频率明显高于风电，根据统计，光伏电站 5min 的最大波动幅值可达到装机容量的 80%～90%。图 2-10 给出了某光伏电站单日的输出功率曲线图，可以看出该光伏电站在 12 时左右的输出功率波动幅值达到了装机容量的 90%。

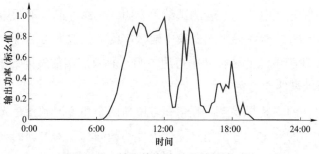

图2-10　某光伏电站单日的输出功率

图2-11为某光伏电站和风电场功率5min波动频率分布统计，可见，风电场在5min内的最大波动幅值为装机容量的40%～50%，且出现频率极少；而光伏电站5min的最大波动幅值可达到装机容量的80%～90%。另外风电场5min功率变化率超过20%的比例仅为0.70%，而光伏电站对应的比例高达7.08%。

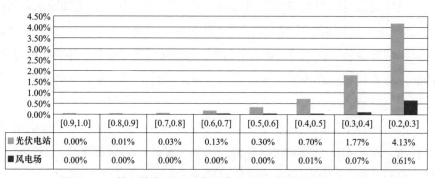

图2-11　某光伏电站和风电场功率5min波动频率分布统计

从上述分析可以看出，单光伏电站功率在 5min 内的波动十分剧烈。随着空间尺度变化，光伏电站功率波动性表现出不同的特征，掌握光伏电站功率的波动性及变化规律，有助于更好地开展光伏发电功率预测工作。

以新疆某光伏电站为例，光伏功率时间分辨率为 15min，时间区间为2016 年 7 月 1 日至 2016 年 10 月 1 日，图2-12是其发电功率的时间序列图。

以上述光伏电站所在区域为例，选取同期的所属区域和全省的光伏发电功率数据，分析该光伏电站、所属区域、全省的光伏发电功率波动特性。

图 2−13 和图 2−14 分别是该光伏电站所属区域、全省光伏发电功率时间序列图，与单光伏电站相比，区域内光伏电站的功率加和的整体趋势基本与单光伏电站一致，但其波动随空间尺度增大而变缓。选取连续 10 日，光伏发电功率波动随空间尺度的变化如图 2−15 所示。

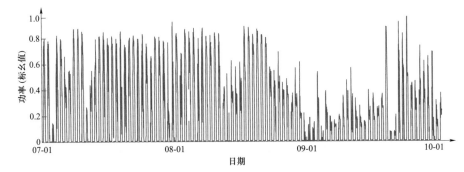

图 2−12　光伏电站发电功率时间序列图

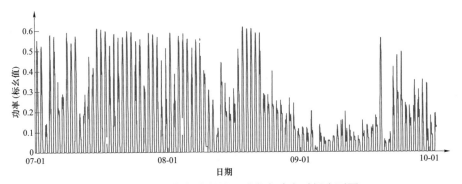

图 2−13　光伏电站所属区域发电功率时间序列图

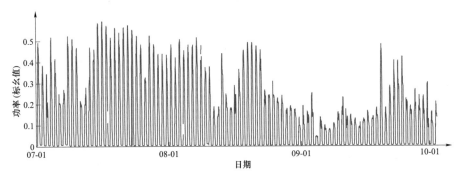

图 2−14　全省光伏发电功率时间序列图

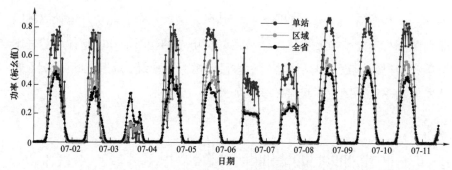

图2-15 不同空间尺度光伏发电功率曲线

图2-16对比了单站、区域、全省光伏发电每15min功率变化率的概率分布。由图可以看出，不同空间尺度光伏发电功率的正向和反向波动出现概率始终基本相同，但随着空间尺度增加，光伏发电功率变化率的概率分布变得更加"窄而高"，出现较大幅值变化的概率较小。

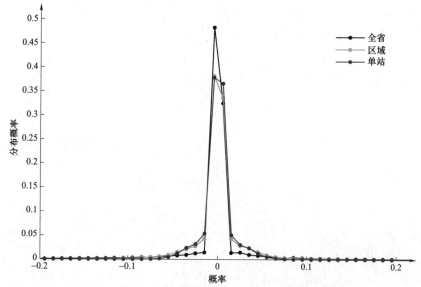

图2-16 不同空间尺度光伏发电功率变化率的概率分布

图2-17给出了单站、区域和全省光伏发电功率绝对变化率的累积概率分布对比结果。从图中可以看出，单站、区域和全省的功率绝对变化率累积概率分布达到1的速度依次变快，进一步证明了区域平滑效应。

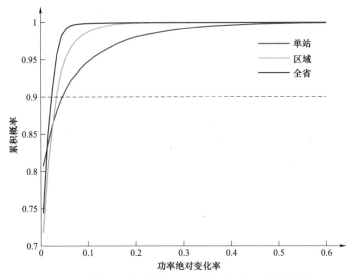

图 2-17　不同空间尺度光伏发电功率绝对变化率的累积概率分布

第3章

面向光伏发电功率预测的数值天气预报

数值天气预报（NWP）可为光伏发电功率预测提供辐照度等气象要素的变化信息，是光伏发电功率预测的基础。不同于公共气象服务，应用于光伏发电功率预测的 NWP 对预报数据的时空分辨率、预报时长等有特殊要求，尤其对预报精度的要求较高。影响 NWP 中相关要素预报精度的因素有多种，需采用针对性的方法降低预报误差。

3.1 概 念 及 特 点

1950 年，数学家、计算机学家冯·诺依曼同气象学家罗斯贝合作，在普林斯顿高级研究所，使用世界上第一台电子计算机 ENIAC 成功进行了世界上首次数值天气预报。此后，随着电子计算机的快速发展，NWP 得到了长足进步。

3.1.1 基本概念

NWP 是在给定初始条件和边界条件的情况下，数值求解大气运动基本方程组，由已知初始时刻的大气状态预报未来时刻的大气状态。

NWP 模式分为全球模式和区域模式。全球模式覆盖整个地球，其目标是求解全球的大尺度大气环流状况，目前世界上较为著名的全球模式包括美国的全球预报系统（global forcasting system，GFS）模式、欧洲中期天气预报中心（European Centre for Medium-Range Weather Forecasts，ECMWF）模式、加拿大的全球多尺度预报（global environmental multiscale，

GEM）模式、日本的全球谱模式（global spectral model，GSM）等，我国的全球模式主要包括 T639 和新一代全球/区域同化和预测系统（global/regional assimilation and prediction system，GRAPES）模式。目前，全球模式的预报数据已成为各个国家开展气象预报的主要参考信息。此外，全球模式还能为区域模式提供必需的背景场数据，供其提取初始条件和边界条件。全球模式的水平空间分辨率一般在几十千米量级，由于分辨率较低，全球模式难以体现风场、云层和辐照度的中小尺度精细变化，对于光伏发电功率预测的应用场景，一般需要使用较为精细化的区域模式。

区域模式水平空间分辨率一般在几千米量级，能够更准确地模拟中小尺度气象变化，且能同化吸收进更多的局地观测数据，预报结果较全球模式更为精确。目前较为著名的区域模式包括美国的中尺度天气预报（weather research and forecasting，WRF）模式、跨尺度预报模式（model for prediction across scales，MPAS）和我国的中尺度区域同化和预测系统（GRAPES–Meso）等。区域模式的运行流程可以分为数据输入及预处理、主模式、后处理三部分，如图 3–1 所示。

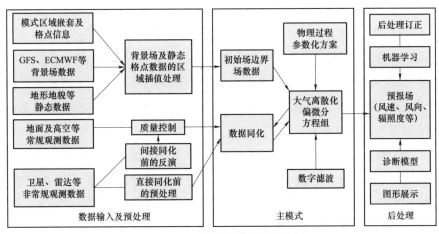

图 3–1　区域模式的运行流程图

3.1.2　适用于光伏发电功率预测的 NWP 特点

NWP 可输出多种气象要素，对于光伏发电功率预测来说，主要关注的是与光伏发电密切相关的气象要素，如辐照度、温度等，且对数据的时空分辨率和预报时长等参数有特定要求，具体来说，适用于光伏发电功率预测的 NWP 有如下特点：

（1）关注辐照度。辐照度的大小直接决定了光伏发电功率的大小，因而光伏发电功率预测中最关键的气象要素是辐照度。在实际应用的预测模型中，为提高预测的精度，在光伏发电功率预测中还需引入温度、湿度、云量等要素。

（2）空间分辨率要求更高。地面辐照度主要受云层的影响，特别是对流云云层较厚，对太阳辐射的遮挡明显，尺度往往在千米级，还会受到水汽和气溶胶等的影响。为了保障光伏发电功率预测精度，要求 NWP 的空间分辨率应尽量高，以提升对云层、水汽和气溶胶等微气象要素的模拟精度。

（3）时间分辨率需与电力调度要求一致。光伏发电功率预测的目的是预知光伏电站在未来一段时间内的功率，从而支撑电力调控机构制订发电计划，保障光伏发电功率安全高效消纳。目前，发电计划编制通常采用的时间分辨率为 15min，这就要求光伏发电功率预测结果的时间分辨率与其保持一致，对应的 NWP 各气象变量的时间分辨率也应为 15min。

（4）定量化预报。有别于公共气象服务的范围预报，用于光伏发电功率预测的 NWP 需实现定时、定量预报，即给出具体时间、地点相关要素的具体值，如 2018 年 7 月 22 日 10 时 30 分某光伏电站的辐照度为 562W/m^2、温度为 13℃ 等。随着集合预报技术的发展，利用不同参数、初值及模式的 NWP 系统可以给出对应时刻地点的多个预报结果，不同预报结果的差异反映了预报的不确定性信息，经过统计处理后可以在定量化的预测结果基础上给出概率预测结果。

（5）预报时长至少 72h。为了提高光伏发电消纳水平，满足电力调度的调峰需求，要求光伏发电功率预测的时间长度至少在 3 天，相应的 NWP 时间长度也应在 3 天以上，未来还需发展到 7 天及以上。

3.2 对光伏发电功率预测精度的影响

3.2.1 敏感性分析

地面辐照度是光伏发电的能量来源，当光伏电站出现多云天气时，光伏发电功率会随云层生消产生剧烈的功率波动。由于云层水平面积、云层厚度、云底高度、云层移动速度等要素的准确预报难度较大，尤其是小尺度云层快速生消过程的预报，因此 NWP 误差是形成光伏发电功率预测误差的主要因素。

　　一般来说，辐照度等气象要素的预报误差总体上表现出 3 个特点：① 幅值偏差，即准确预报了波动过程，但波动的极大极小值出现数值偏差；② 相位偏差，即波动的幅值预报准确，但波动的相位偏离实际；③ 其他偏差，即不能归结为前两种特点的偏差，表现为没有预报出实际的波动过程，这往往出现在模式对天气过程的模拟出现较大误差时。三种预报误差特点示意图如图 3-2 所示。

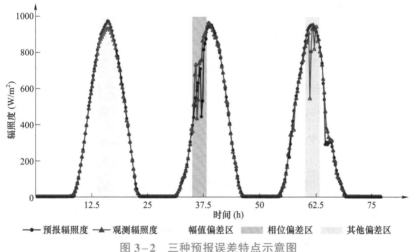

图 3-2　三种预报误差特点示意图

　　此外，预报的小尺度变化信息缺失也会造成预报误差，表现为预报时间序列显得过于平滑，缺少观测数据所表现出的丰富的小尺度波动信息。图 3-3 为 2017 年 5 月青海省某光伏电站连续 5 天的实际功率和预测功率，可以看出预测的功率为相对比较平滑的抛物线，而实际功率存在不同程度的波动。此类误差的原因在于数值模式在日前预测层面只能模拟大尺度云系，缺乏捕捉云团快速移动、生消的能力。此类误差需引入实测云观测数据，通过快速同化云观测数据进行滚动修正。

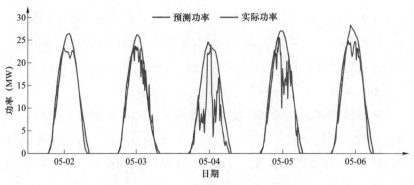

图 3-3　小尺度预报误差特点示意图

3.2.2　误差原因分析

NWP 误差的原因是多方面的。首先，NWP 模式是一个离散化计算系统，以离散的时间点、空间点来代表连续的时间、空间，必然会造成地形、地貌、气象场等的离散计算误差；其次，观测数据有限且存在观测误差，导致观测数据同化进全球模式的时候，进一步产生背景场误差；再次，描述次网格微尺度物理过程的参数化方案存在误差，主要是由于大气的湍流、辐射、相变、化学等微尺度过程，以及同其他气候系统圈层的相互作用机制非常复杂，理论认识不够深入，参数化方案不够完美；最后，也是最重要的，大气系统是一个极其复杂的非线性系统，描述其动力、热力过程的模式方程组对初始误差具有高度敏感性，初始误差会随着计算时间的延长不断扩大，导致初始时刻失之毫厘，计算结果差之千里。由于以上原因，NWP 的误差总是存在，只能尽力降低，不能根本消除，需使用多种方法将误差降低到可接受的水平。

（1）幅值偏差。云、水汽、气溶胶、沙尘等影响辐照度的要素属于微物理、微气象过程，涉及复杂的水汽生成及相变、垂直对流、植被蒸腾、化学过程、起沙过程等，较难准确描述，容易造成系统性的幅值偏差。另外，由于模式的背景场不包含云及水汽信息，在启动一段时间后云及水汽才渐渐生成，而模式还需定期更新背景场，所以云及水汽信息会被定期清除，造成对云和水汽等的系统性偏差，进而引起辐照度出现系统性的幅值偏差。

（2）相位偏差。出现相位偏差的主要原因是对云的预报位置出现了偏差。云模拟是模式技术中的难点，因为涉及复杂的水汽生成及相变过程、垂直对流过程、湍流等微气象因素，由于相关参数化方案的误差，加上模式本身分辨率较低，所以很难对云的位置进行准确模拟。

（3）其他偏差。在实际预报中，存在 NWP 未能预报出实际的波动过程的现象，或预报出完全相反的波动过程，从而产生较大的预报误差，其原因可能在于背景场存在偏差、参数化方案不够完备等多方面，从而使得预报误差出现大幅增长，以至于预报结果完全偏离实际。

（4）小尺度波动信息缺失。目前的 NWP 对于小尺度的气象波动缺乏捕捉能力，对于日前预测的时间尺度，目前的 NWP 技术还无法有效预报小尺度云团的运动、生消过程。为了解决此问题，需要引入云观测信息，在超短期预测的时间尺度内对预报的辐照度进行实时修正。

3.3　国内外 NWP 技术进展

国内外功率预测用的 NWP，一般均是将全球模式背景场输入区域模式进行动力降尺度预报，下面介绍国内外全球模式和区域模式的相关技术进展。

3.3.1　全球模式

光伏电站短期的气象变化离不开大尺度背景场的影响，因此，全球模式背景场的变化对于功率预测来说非常重要。全球模式是一个复杂的系统工程，背景场精度的提升需要在动力框架、同化方法、计算方案、参数化方案、软件工程等多个方面取得突破，还需提升计算机速度以进一步提高模式分辨率。此外，还应推动全球各个国家和地区的气象观测水平提升，包括增加观测站点数量、提高数据观测质量、促进数据共享等。除了国家级的气象机构外，其他小型气象机构和个人很难开展全球模式的预报业务。

1975 年成立的 ECMWF 是目前全球模式研发水平最高的机构，其在 500hPa 位势高度要素的预报技巧演变图如图 3-4 所示，包括北半球和南半球的 3、5、7、10 天的预报技巧曲线，预报技巧超过 60% 的数值表示可用预报,预报技巧超过 80% 的数值表示准确度很高。从图 3-4 中可以看到,过去 40 年间,预报技巧满足的有效天数每 10 年就能增加大约 1 天,目前第六天的预报准确性水平,跟 10 年前第五天的预报准确性水平相当(1999年之后北半球和南半球的曲线收敛,是因使用了变分方法同化卫星资料带来的突破)。因此,全球模式背景场精度的提升是一个缓慢的过程。美国国家环境预报中心(National Centers for Environmental Prediction,NCEP)的 GFS 模式背景场使用较为广泛,为了在预报精度上追赶 ECMWF,GFS 模式于 2019 年 6 月升级为 FV3 模式,其平均预报精度存在一定的提升,但具体地区的提升效果仍需随时间进一步检验。

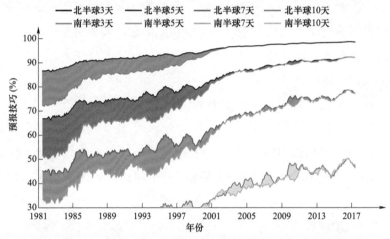

图 3-4 ECMWF 在 500hPa 位势高度要素的预报技巧演变图

中国气象局目前的业务化全球模式主要为 T639 和 GRAPES 模式。其中 GRAPES 模式为我国自主研发的全球模式,其部分要素的预报能力已经接近 ECMWF 的预报水平。

随着计算机速度的提升,全球模式的分辨率越来越高,有利于提升辐照度等要素的预报精度。表 3-1 是目前主要的全球模式背景场信息,最高水平分辨率均达到了 0.25°×0.25°(对于我国,1°可近似认为 100km),其中 ECMWF 达到了 0.1°×0.1°。但精细化的同时带来了下载数据量大、下载时间不及时的问题,因此许多机构使用的仍是较低版本的 0.5°×0.5°,

甚至 1°×1° 分辨率的背景场数据。

表 3-1   主要的全球模式背景场信息

背景场	来源	水平分辨率（最高）	时间分辨率（h）	预报时长（天）
GFS	美国	0.25°×0.25°	1	16
ECMWF	欧洲	0.1°×0.1°	1	10
GEM	加拿大	0.24°×0.24°	3	10
GSM	日本	0.25°×0.25°	3	11
GRAPES	中国	0.25°×0.25°	3	10
T639	中国	0.28°×0.28°	3	10

未来全球模式的分辨率将逐渐精细化，会进一步重视改进云微物理过程、积云对流过程、陆面过程、地形效应等参数化方案的微尺度适用性，并且注重大气同陆地、海洋之间的耦合效应。在数据同化方法上，趋于使用四维变分、集合、卡尔曼滤波等方法的混合同化，吸收越来越丰富的卫星等观测资料，这些都有助于改进高空云量、地面辐照度的预报效果。

3.3.2　区域模式

区域模式的水平分辨率一般在几千米量级，对云微物理过程、微地形过程、陆面过程、边界层过程等描述得更为细致，可动力解析局地对流过程，且能高频地同化进局地的卫星、雷达等资料，因此预报精度在全球模式背景场的基础上显著提高。

由美国国家大气研究中心（National Center for Atmospheric Research，NCAR）研发的 WRF 模式是使用最为广泛的区域模式，通过 20 余年的开发，WRF 具备先进的数值方法和物理过程参数化方案，同时具有多重网格嵌套能力，预报效果较好。WRF 的数据同化接口较多，如 WRF-DA、GSI、DART 等主流同化系统均与 WRF 有接口，为局地数据同化带来了便利。

针对辐照度预报，NCAR 在 WRF 的基础上研发了太阳辐射天气预报（WRF-Solar）模式，可同化多种卫星、地面的辐照度观测数据，并在气溶胶、云微物理、辐射的交互作用物理参数化方案上做了改进。此外，美国的 Sun4Cast、MADCast 等辐照度预报系统也都采用了卫星同化的手段，提升了云的光学性质和生消过程的预报效果。

我国自主研发的区域模式 GRAPES－Meso，目前已在中国气象局实现了 3km×3km 分辨率的业务化运行，其预测精度已越来越接近于国际领先的模式水平，随着该模式的进一步推广应用，未来可能更多地用于光伏发电功率预测领域。

3.4　提升太阳能资源预报精度的关键技术

不同于全球模式，区域模式对于一般的机构或人员来说具备较强的可操作性和较大的提升空间，下面将介绍一些可提升区域模式预报精度，尤其是提升辐照度预报精度的关键技术。

3.4.1　观测数据同化

区域模式的运行需要初始条件和边界条件，对于短期预报来说，初始条件比边界条件的影响更重要（长期预报的边界条件比初始条件重要），初始条件很大程度上决定了短期预报的准确性。

3.4.1.1　利用气象卫星和雷达等的观测数据进行同化

观测数据同化是将观测数据实时吸收进模式，然后在时间和空间格点上对初始场进行校正，以使初始场更加贴近真实。我国光伏电站主要分布在"三北"地区，然而"三北"地区的气象部门观测站点较为稀疏，气象卫星和雷达等观测范围广，可弥补"三北"地区观测站点稀少的问题。通过气象卫星和雷达的同化改进区域模式的初始场精度，是提升辐照度预报精度的有效手段。目前我国常用的卫星数据特征信息见表 3－2。

表 3－2　　　　　　　　我国常用的卫星数据特征信息

类型	名称/型号	空间分辨率（可见波段）	时间分辨率/ 每日过境次数
静止卫星	中国 FY－2	1.25km	30min
	中国 FY－4	500m	15min
	日本葵花 8	500m	10min

类型	名称/型号	空间分辨率（可见波段）	时间分辨率/ 每日过境次数
极轨气象 卫星	中国 FY - 3	250m	3 次
	欧洲 METOP	1.1km	3～4 次
	美国 NPP	400m	3 次
	美国 NOAA 系列	1.1km	1～4 次
	美国 TERRA	250km	2 次
	美国 AQUA	250km	3 次

气象卫星和雷达观测的目标主要为辐射率或回波强度，目前常用的方法是基于变分的方法直接同化资料，无需先反演气象要素再同化。卫星和雷达的同化可较大地提升地面水汽、气溶胶、沙尘、云量的初始场精度，有利于改进辐照度的预报效果。

3.4.1.2　利用光伏电站的测光数据进行同化

光伏电站一般都建有资源观测装置，观测的对象一般包括总辐射辐照度、直射辐照度、散射辐照度、环境温度、气压、相对湿度等变量，将这些观测数据同化进模式有利于提升初始场精度。需注意的是，如果仅仅是在模式中同化一个观测点的观测数据，那么同化的价值会很小，可能仅在预报前几个小时起作用，这是由于单独一个观测点的校正作用会随着大气的变化而迅速消失，若观测与模拟差别较大，可能引起模式的不稳定。但如果接入光伏电站群的多点观测数据，涉及更广的空间范围，那么同化时效会延长，同化效果会更好，而且有助于模式的稳定运行。

3.4.2　快速循环更新

模式定期更新的背景场中不包含云及水汽信息，在启动一段时间后云及水汽才由参数化方案渐渐生成，到了下一次启动的时刻又会清除掉云和水汽。当局地的水汽和云的同化资料较为充足时，这种运行方式不利于提升辐照度预报精度，这是由于模式同化过程中吸收了较多的云和水汽观测资料，使得预报场已较为接近真实场，可能要优于下一次更新的背景场精度。因此，在这种情况下，最好是采用快速循环更新的方法，令模式的背景场更新频率降低，比如每三天更新一次，而其间的常规启动不再使用背景场，改为使用上一次预报的预报场，这样就在初始场中保留了上一次预报的云和水汽信息，有利于提升辐照度预报精度。其中，模式更新背景场称为冷启动，使用预报场代替背景场称为暖启动。快速更新循环技术即使用同化技术，合理配置冷、暖启动的周期，避免因更新背景场影响预报精度，有利于提升辐照度预报精度。冷、暖启动的预报技巧随预报时效的变化如图 3-5 所示。

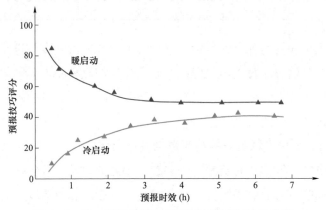

图 3-5　冷、暖启动的预报技巧随预报时效的变化

　　为保证预报场的准确性，需要在快速循环更新的过程中不断地同化观测资料。同化效果不仅和同化方法有关，还取决于资料的空间密度、资料质量、同化频次等。在相同的资料数据量下，连续高频次的低密度资料同化效果可能劣于低频次的高密度资料同化。因此需根据 NWP 模式和同化方法的具体性能，对局地资料的同化时间周期、同化空间密度进行测试，优化同化资料的时间周期和空间密度，以提升资料同化效率。

3.4.3　集合预报

3.4.3.1　集合预报的概念

　　为应对 NWP 的初始误差敏感性问题，可采用集合预报方法。集合预报一般是通过对初始条件进行扰动，得到同时刻的一系列初值成员，再分别向前进行集合预报，或是考虑物理过程不确定性，构建多个参数化方案组合成员进行集合预报，集合预报示意图如图 3-6 所示。集合预报成员的预报评分应比较接近，且各成员构成的整体离散度能够有效代表预报的不确定性范围。集合预报能够有效反映真实大气中最有可能出现的一个预报值，即集合平均预报。集合平均预报过滤掉了可预报性低的随机成分，比较稳定和准确。另外，集合预报不但能给出预报值，还可通过计算各成员间的离散度，来度量预报结果可能出现的概率值，便于做出更全面的决策。

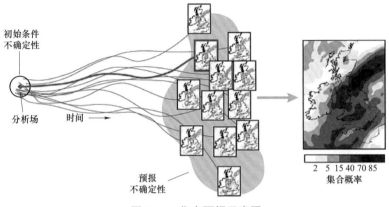

图 3-6　集合预报示意图

　　集合预报的两种构建方法，即初始场扰动方法和多物理过程参数化方案组合方法，分别具有不同的预报效果。相关研究表明，初始场扰动方法适合反映大尺度天气系统的集合离散度，而多物理过程参数化方案组合方法适合反映小尺度天气系统的集合离散度。初始场扰动方法的缺点是要构建较多的集合预报成员才能够实现较宽的离散度范围，需要耗费庞大的计算资源。多物理过程参数化方案组合方法相对初始场扰动方法更为便捷，可通过少量的成员反映出较宽的集合离散度，无须初始场扰动的复杂前处理过程，仅通过改变参数化方案组合或者调整参数值即可实现。多物理过程参数化方案组合方法的缺点是其对大尺度天气系统的信息贡献不够。此外，基于多中心背景场的集合预报方法已开展大量的研究，并取得了较好的效果。

3.4.3.2　初始场扰动方法

　　初始场的扰动设计需满足一定原则：① 扰动场的特征大致上应与实际分析资料中可能误差的分布相一致，目的是保证所叠加后的每个初始场都有同样的可能性代表大气的实际状态；② 扰动场之间在模式中的演变方向尽可能发散，目的是保证其预报集合最大可能地包含实际大气的可能状态。目前初始场扰动方法可以分为随机初始扰动方法和考虑大气动力特点的扰动方法。

随机初始扰动方法较为经典的是蒙特卡罗法，此方法考虑了实际大气资料中可能存在的误差分布情况，对气象场的垂直和水平结构进行符合实际幅度的扰动，即扰动的振幅符合预报的误差统计情况，但扰动通过随机选取，不考虑当时大气的实际动力特征。该方法下，集合预报成员间的离散度较小，随机扰动增长较实际情况滞后。因此，采用该方法开展集合预报时需要更多的成员，增大初始扰动数量，以保证离散度满足要求。受计算机计算资源限制，集合预报成员数目不能无限增多，导致集合预报的离散度增长速度较慢。目前这种早期提出的方法已不在主流气象机构的预报业务中使用。

为满足成员间离散度足够大的要求，考虑大气动力特点的扰动方法被提出，该类方法不再是无目的提升扰动数量，而是将扰动集中于误差快速增长的动力学结构，从而大幅减少扰动样本数目。目前主流的方法有ECMWF 使用的奇异向量法、NCEP 使用的繁殖向量法等。奇异向量法利用数值模式中的切线性模式和伴随模式，结合稳定性分析，计算出切线性模式的奇异值和奇异向量，最大奇异值对应的奇异向量即为增长最快的扰动，在预报业务中将扰动数量优先配置于奇异向量对应的动力学结构。繁殖向量法由模式反复生成初始场，让每个循环的扰动离散传递至下一循环，通过离散度的循环增长，使离散度高速增长型的比重不断增大，直至饱和。基于上述两种方法，ECMWF 提出了演化奇异向量法，即在奇异向量法中引入繁殖向量法的思想，改进传统方法中存在离散度不增长的部分、扰动结构受同化分析切线性模式处理过程影响、计算量较大等缺陷，取得了更佳的集合预报效果。

3.4.3.3 多物理过程参数化方案组合方法

物理过程参数化方案指对大气的辐射、对流、扩散、降水、云等微物理过程的统计参量的描述。目前某个特定物理过程存在多种参数化方案。光伏发电功率预测常用的 WRF 模式中，涉及辐照度的参数化方案见表3-3。其中微物理过程参数化方案会影响水汽、水成物粒子和气溶胶等的模拟效果,长波、短波辐射参数化方案描述辐射在整层大气中的传输过程,陆面过程和边界层参数化方案影响了边界层的动力、热力和水汽的模拟效果,这些参数化方案对辐照度的模拟效果影响较大。

表 3-3　WRF 模式中涉及辐照度的参数化方案

物理过程	参数化方案名	方案特征
微物理	Kessler	暖性降水(无冰水)方案
	Lin	包含冰、雪、霰过程,适用于实时数据高分辨率模拟的方案
	New Thompson	包含冰、雪和霰过程,以及雨滴数浓度,适用于高分辨率模拟
长波辐射	RRTM	快速辐射传输模式
	GFDL	包含二氧化碳、臭氧和微物理效应的较老的多波段方案
	CAM	考虑气溶胶和痕量气体的方案
短波辐射	Dudhia	考虑云和晴空吸收与散射的向下积分方案
	Goddard	考虑气候态臭氧和云效应的双束多波段方案
	GFDL	考虑气候态臭氧和云效应的双束多波段的业务方案
陆面过程	Noah	考虑 4 个层次上土壤温度和湿度、积雪覆盖面积和冻土物理过程的方案
	RUC	考虑 6 个层次的土壤温度和湿度,以及多层的积雪和冻土物理过程的方案
	Pleim-Xiu	考虑植被和次网格覆盖的方案
边界层	MYJ	考虑局地垂直混合的一维诊断湍流动能的方案
	ACM2	考虑非局地上升混合与局地下沉混合的非对称对流的方案
	MRF	将显示处理的卷入层视为非局地 K 混合层一部分的方案

　　构建基于多物理过程参数化方案的集合预报方法可分为两种,一种是挑选出合适的多套参数化方案组合构成集合成员,另一种是在同一套参数化方案组合的基础上,对方案中的敏感因子进行随机扰动构成集合成员。

　　第一种方法主要是根据预报区域的气候特点,选择理论上可能的参数化方案组合。尤其对该区域物理过程中的一些不确定性强且对预报结果很敏感的部分,如辐射方案、微物理方案、边界层方案、陆面过程方案等,选择多套参数化方案组合,每套组合构成一个集合预报成员。各成员除参数化方案不同外，其他设置均相同。然后通过数值敏感性试验，各成员共同模拟回算预报区域的一段历史数据，然后对比局地历史观测数据，遴选出预报技巧接近的预报成员。

第二种方法的理论基础是假设物理过程参数化方案的误差具有随机性，因此，在 NWP 方程中的物理过程参数化方案项上乘以一个随机数来表达其不确定性，可表示为

$$\frac{\partial x}{\partial t} = \frac{\partial x_d}{\partial t} + (1+r)\frac{\partial x_p}{\partial t} \qquad (3-1)$$

式（3-1）为表征 NWP 的基本方程，x 代表辐照度、风速、温度、湿度等基本变量，等式右边的第一项代表基本变量的时间变化，第二项代表物理过程参数化方案项（由于物理过程的尺度往往非常小，无法通过大气运动基本方程的离散化网格来直接计算，因此需额外增加此物理过程参数化方案项，其代表了次网格物理过程对一个网格变化的统计平均贡献）。随机扰动场 r 是一个与积分时间和大气运动波长相关，且满足取值范围在 [-1, 1] 之间的高斯噪声函数。

3.4.3.4 多中心集合预报方法

初始场扰动方法和多物理过程参数化方案组合方法均是基于同一种全球模式背景场，近些年来越来越多地基于多种全球模式背景场构建集合预报成员。研究发现，来自于不同业务中心的全球模式背景场的简单集合平均要比单个预报技巧高，并且通过区域模式进行降尺度之后，其集合平均结果仍然高于单个预报。

多中心集合预报方法的优势显而易见。目前 ECMWF、NCEP、中国气象局等机构都建立了独立研发的全球业务预报系统，多中心初始场构成的离散度要比任何一个中心更全面地覆盖不确定性范围。旨在加快提高 1～14 天的天气预报准确率的观测系统研究和可预报性实验下的全球大型集合交互项目（THORPEX Interactive grand global ensemble，TIGGE）于 2005 年启动，其目的是增强国际间对多中心集合预报的合作研究。目前由澳大利亚、巴西、法国、韩国、加拿大、美国、欧洲中期天气预报中心、日本、英国和中国共 10 个业务或准业务机构向 TIGGE 资料库提供背景场预报资

料，与单个中心的预报相比，基于 TIGGE 多背景场的集合平均预报精度得到了不同程度的提高。

3.4.4 预报结果后处理订正

对于业务化运行的模式来说，相同或近似天气类型的预报结果往往非常接近，同样天气类型下的系统性偏差将会不断重现。在具备一定量的实测气象数据后，可建立预报模式的统计后处理订正模块，即结合模式输出统计（model output statistic，MOS）、人工神经网络、SVM、非线性回归、最小偏二乘估计、卡尔曼滤波、相似误差订正等方法，经过长时间的训练或动态优化估计，实现对辐照度预报的订正。

在各种统计后处理订正方法中，使用最为广泛的是 MOS 方法、卡尔曼滤波方法及相似误差订正方法。MOS 方法一般经过长达数年的数据训练，可实现对辐照度预报精度的有效校正，但其缺点在于对短期天气变化的订正效果不佳。卡尔曼滤波方法是一种动态的自适应回归最优化顺序过程，只需要较少的数据样本和较短的训练期（一般只要一、两个星期左右），就能够快速适应天气过程、季节的变化及模式的升级，较好地订正预报模式的偏差，尤其适合光伏电站所在的边界层区域。然而卡尔曼滤波方法的缺点是对极端的误差事件，即由剧烈的天气转变过程而引起的快速误差变化订正效果不佳。

近些年来相似误差订正方法取得了较多关注，其原理是认为历史预报和当前预报具有一定的相似性，将时间顺序排列的预报变换到相似空间上，进而找出同当前预报相似的历史预报误差。其特点在于既使用了统计方法，又结合了预报模式的动力特性，对于短期剧烈天气变化引起的预报误差变化具有较好的适应性。

相似误差订正方法首先将预报序列由时间顺序变换到相似空间，再根据当前预报的相似度对历史预报进行分级，认为从当前距离最远到最近分别是最差的和最好的相似预报，对好的相似预报给予更大的权重。该方法的关键点是定义合适的距离来度量历史预报同当前预报的相似程度，以刻画出时间变化趋势的相似度。特定时间和地点的预报同之前所有的历史预报之间的距离可以定义为

$$\|F_t, A_{t'}\| = \sum_{i=1}^{N_v} \frac{\omega_i}{\sigma_f} \sqrt{\sum_{j=-\bar{t}}^{\bar{t}} (F_{i,t+j} - A_{i,t'+j})^2} \qquad (3-2)$$

式中　　　　　　F_t——在给定时间 t 需要订正的当前预报；

$A_{t'}$——F_t 起报之前的在 t' 时刻的历史预报；

N_v（v 表示变量）、ω_i——相关物理变量的数量和它们的权重；

σ_f（f 表示预报）——针对某个变量过去预报的时间序列的标准差；

$\bar{t}$——计算距离的时间窗（有效影响的范围）长度的一半；

$F_{i,t+j}$、$A_{i,t'+j}$——对某个给定变量在时间窗内的当前预报和历史预
报的具体值。

选择和光伏发电功率有关的变量，如地表辐照度、温度、湿度、云量
等，根据变量对预报量的影响大小配以不同的权重值 ω_i，σ_f 的作用是对不
同的物理量进行标准化，使它们在量级上相当。

订正后的预报定义为相似历史预报的观测值的加权平均

$$N_t = \sum_{i=1}^{N_a} \gamma_i O_{i,t_i} \qquad (3-3)$$

式中　　　　　　N_t——在时间 t 对预报的订正值；

N_a（a 表示相似）——相似历史预报的数目；

γ_i——每个相似预报的权重；

O_{i,t_i}——之前定义的最好的 N_a 个相似预报的观测值；

t_i——相似预报起报的时间。

每个相似预报的权重 γ_i 的计算公式为

$$\gamma_i = \frac{1 / \|F_t, A_{i,t_i}\|}{\sum_{j=1}^{N_a} 1 / \|F_t, A_{j,t_i}\|} \qquad (3-4)$$

权重与定义的距离倒数成正比，将权重除以距离倒数之和进行归一化。
相似预报和当前预报之间的距离越短，即越相似，其观测值所占的权重就
越大，所有权重总和为 1。

相似误差订正方法中，当前预报的相似预报需针对每一个具体的时间
和地点来寻找，因此非常适合于光伏电站这种局地场站的辐照度预报订正。

光伏发电短期功率预测技术

光伏发电短期功率预测一般指每天定时预测次日 0 时起至未来 72h 的光伏发电输出功率,时间分辨率为 15min。光伏发电功率受气象因素影响大,仅靠当前资源状态或输出功率难以实现未来 72h 的准确预测,因此光伏发电短期功率预测需要借助 NWP 技术,预报未来时段相关气象要素的变化过程,为功率预测提供基础气象数据。为描述气象数据与光伏发电功率之间的映射关系,还需要建立光电转换模型,即光伏发电短期功率预测模型。根据建模思路和方法的不同,光伏发电短期功率预测模型主要分为物理方法和统计方法两种。物理方法基于光电转换的物理过程,对每个转换环节进行模拟;统计方法不考虑光电转换的物理过程,以历史运行数据和 NWP 数据为基础,利用数学分析手段,建立 NWP 数据与光伏发电功率之间的映射关系。

4.1 物 理 方 法

物理方法根据光伏电站与太阳的相对位置,综合分析光伏电站内部光伏电池板、逆变器等设备的特性,得到光伏发电功率与相关气象要素的物理关系,再依据 NWP 中各气象要素的预测值对光伏电站的功率进行预测。该方法建立了光伏电站内各种设备的物理模型,物理意义清晰,并且不需要历史运行数据,适用于新并网的光伏电站。

光伏发电功率预测的物理方法利用 NWP 提供的辐照度、温度等气象要素预报值，结合光伏电站的地理位置及光伏电池板倾角等信息，采用太阳位置模型可得到光伏电池板接收的有效辐照度，然后利用构建的光伏电池板及逆变器效率模型，将光伏电池的有效辐照度转化为输出功率，全场累加获得光伏电站的输出功率预测结果。光伏发电短期功率预测的物理方法技术路线如图4-1所示。

图4-1　光伏发电短期功率预测的物理方法技术路线

物理方法的有效性取决于研究对象机理模型的把握程度，如太阳位置模型、光伏电池板模型和逆变器效率模型等，因此，物理方法会由于机理模型不准确而出现系统性偏差。此外，物理方法涉及环节多、过程复杂，特别是沙尘覆盖、雨水冲刷等引起的光伏组件表面清洁程度的变化，以及光伏电池物理特性退化等因素的影响难以准确模拟，也会影响预测精度。

4.1.1　太阳位置模型

太阳辐照度是影响光伏发电功率最主要的气象因素，然而从 NWP 直接得到的太阳辐照度是地面水平面接收的辐照度，为准确计算光伏电站功率，需要考虑太阳的位置变化及光伏电池板的安装倾角等因素，将水平面辐照度转化为光伏电池板可接收到的有效辐照度。

由于地球的自转和公转，太阳相对地平面的位置不断变化，使得地面接收到的太阳能量也不断变化。在赤道坐标系中，太阳位置由时角ω和赤纬角δ两个坐标决定，赤道坐标系中太阳位置图如图4-2所示。时角ω表征了地球自转对太阳位置的影响，其中正午 12 时的时角为 0°；0～12 时时角为负，12～24 时时角为正。赤纬角δ表征了地球公转对太阳位置的影响，太阳直射点在南北回归线±23.45°之间移动，当前时刻太阳直射点的纬度称为赤纬角，即太阳中心和地心的连线与赤道平面的夹角。

在地面上观察太阳相对地平面的位置时，太阳位置用高度角α和方位角γ_s两个坐标决定，地平坐标系中太阳位置图如图4-3所示。高度角α与

天顶角 θ_z 为互余关系，天顶角 θ_z 为太阳光线 OP 与地平面法线 QP 之间的夹角，高度角 α 是太阳光线 OP 与其在地平面上投影线 Pg 之间的夹角。

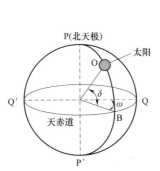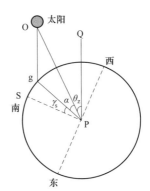

图 4-2　赤道坐标系中太阳位置图　　图 4-3　地平坐标系中太阳位置图

高度角 α 是地面观察太阳时的仰角，也就是太阳光线与地面之间的夹角。由于地球的自转，造成太阳东升西落，太阳高度角在一日内不断发生变化；正午（地方时为 12 时）太阳的高度角达到最大值，此时的太阳高度角称为该日的正午太阳高度角。当太阳高度角为 90° 时，辐照度最大；当太阳斜射地面时，辐照度就会降低。

高度角由所在纬度、赤纬角和时角确定，可表达为

$$\alpha = \arcsin(\sin\varphi\sin\delta + \cos\varphi\cos\delta\cos\omega) \tag{4-1}$$

式中　φ——地理纬度，(°)；

δ——赤纬角，(°)；

ω——时角，(°) [数值等于离正午的时间（小时）乘以 15°，上午为负，下午为正]。

方位角 γ_s 是太阳光线在地平面上的投影与地平面正南方向的夹角，它表示太阳光线的水平投影偏离正南方向的角度，即正南方向为起始点 (0°)，向西（顺时针方向）为正，向东为负。

方位角由高度角、赤纬角和时角确定，可表达为

$$\gamma_s = \arcsin\left(\frac{\cos\delta\sin\omega}{\cos\alpha}\right) \tag{4-2}$$

太阳相对地平面位置的变化使得地面单位面积上接收到的太阳能量不

断变化。由于光伏电池板具有一定的安装倾角，对于倾斜平面，太阳入射方向和倾斜面法线之间的夹角定义为倾斜平面的入射角 θ_i，随着太阳位置的变化，太阳入射角的大小也不断变化。可表示为

$$\cos\theta_i = \cos\beta\sin\alpha + \sin\beta\cos\alpha\cos(\gamma_s - \gamma) \qquad (4-3)$$

式中　γ——光伏组件倾斜面方位角，（°）；

　　　β——光伏组件倾斜面倾角，（°）。

对于固定安装方式来说，β 为组件与水平面的夹角，如果电池板水平放置为 0°，正南方向 γ 的值为 0°，正西方向 γ 的值为 90°，正北方向 γ 的值为 180°，正东方向 γ 的值为 $-90°$。

地面所接收的太阳辐照度受太阳位置变化的影响，太阳位置模型采用入射角和方位角来表征太阳相对于地面倾斜平面的位置，由光伏电站所在地理位置和光伏组件的倾斜角、季节、时间这些因素决定，通过太阳位置模型可计算光伏组件接收到的有效辐照度，对于倾角为 β 的固定式光伏组件来说，有效辐照度的计算公式为

$$G_e = G_{dn}\cos\theta_i + G_{dif}\left(\frac{1+\cos\beta}{2}\right) + \rho G_t\left(\frac{1-\cos\beta}{2}\right) \qquad (4-4)$$

式中　G_e——光伏组件斜面的可接收到的有效辐照度，W/m²；

　　　G_{dn}——直射辐照度，W/m²；

　　　G_{dif}——散射辐照度，W/m²；

　　　G_t——NWP 的总辐照度，W/m²；

　　　ρ——地面反射系数。

某光伏电站 NWP 的原始辐照度与转换为有效辐照度的散点图如图 4-4 所示。

将 NWP 的原始水平面辐照度转换为有效辐照度，可更加真实地反映光伏电池接收的辐照度数值，为下一步的短期功率预测建模提供基础。

4.1.2　光伏电池板模型

基于物理方法的光伏发电功率预测，首先通过太阳位置模型得到光伏电池板所接收的有效辐照度，然后利用光伏组件的电气特征，确立光伏电池板输出的直流功率值，最后结合转换效率等信息得到实际输出的功率

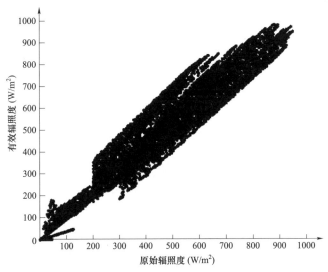

图4-4　某光伏电站NWP的原始辐照度与转换为有效辐照度的散点图

值。光伏电池的发电原理主要是利用光生伏打效应，其发电过程涉及大量微观过程，准确描述较为困难，为突出其主要电气特征，一般采用光伏电池的二极管模型来表征，光伏电池二极管模型的理想形式如图4-5所示。

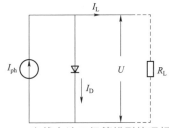

图4-5　光伏电池二极管模型的理想形式

　　一个理想的光伏电池，因串联电阻 R_s 很小、并联电阻 R_{sh} 很大，进行理想电路计算时，它们都可以忽略不计，因此理想的等效电路只相当于一个电流为 I_{ph} 的恒流源与一个二极管并联。然而在实际的工程应用中不存在理想的形式，兼顾模型计算的复杂性和合理性，一般采用简化的二极管模型来表征光伏电池的电气特征，如图4-6所示。

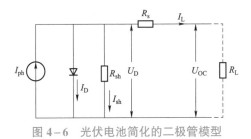

图4-6　光伏电池简化的二极管模型

图 4-6 中，I_{ph} 为光生电流，其值正比于光伏电池的面积和入射光的光照强度；I_D 为暗电流，指的是光伏电池在无光照的情况下，光伏电池 P-N 结自身所能产生的总扩散电流的变化情况；I_L 为光伏电池输出的负载电流；U_{OC} 为电池的开路电压，与入射光光照强度的对数成正比，与环境温度成反比，与电池的面积大小无关；R_L 为电池的外接负载电阻；R_s 为串联电阻，一般小于 1Ω，主要由半导体材料的体电阻、金属电极与半导体材料的接触电阻、扩散层横向电阻及金属电极本身的电阻等组成；R_{sh} 为旁路电阻，一般为几千欧，主要由电池表面污浊和半导体晶体缺陷引起的漏电流所对应的 P-N 结漏泄电阻和电池边缘的漏泄电阻等组成。

光伏电池等效电路中各变量的方程式见式（4-5）～式（4-9）

$$I_D = I_0 \left[\exp\left(\frac{qU_D}{AkT} \right) - 1 \right] \qquad (4-5)$$

$$I_L = I_{ph} - I_D - \frac{U_D}{R_{sh}} = I_{ph} - I_0 \left\{ \exp\left[\frac{q(U_{OC} + I_L R_s)}{AkT} \right] - 1 \right\} - \frac{U_D}{R_{sh}} \quad (4-6)$$

$$I_{sc} = I_{ph} - I_D - \frac{U_D}{R_{sh}} - \frac{U_D}{R_s} \qquad (4-7)$$

$$U_{OC} = \frac{AkT}{q} \ln\left(\frac{I_{sc}}{I_0} + 1 \right) \qquad (4-8)$$

$$U_D = U_{OC} + I_L R_s \qquad (4-9)$$

式中　I_0——光伏电池内部等效二极管 P-N 结反向饱和电流，A；

I_{sc}——光伏电池的短路电流，A；

U_D——等效二极管的端电压，V；

q——电子电荷量，1.6×10^{-19}C；

k——玻尔兹曼常量，1.38×10^{-23}J/K；

T——环境温度，℃；

A——二极管理想常数，无量纲。

理想条件下，即 R_s 趋近于 0，且 R_{sh} 趋近于无穷大，则式（4-6）可等效为

$$I_L = I_{ph} - I_D - \frac{U_D}{R_{sh}} \approx I_{ph} - I_D \qquad (4-10)$$

在特定的太阳光照强度和温度下，当负载 R_L 从零变化到无穷大时，输出电压 U 则从零变到 U_{OC}，同时输出电流 I 从 I_{sc} 变到零，由此得到光伏电池的输出特性曲线如图 4-7 所示。

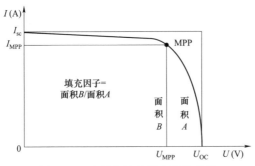

图 4-7　光伏电池的输出特性曲线

由图 4-7 可以看出，在一定的光照强度和温度下，光伏电池输出的电压、电流在一条曲线上移动，对应的输出功率 P 也在变化。其中，最大功率点（maximum power point，MPP）处代表了最大输出功率，称为最佳工作点，其对应的电流为最佳输出电流 I_{MPP}，对应的电压为最佳输出电压 U_{MPP}，由 I_{MPP} 和 U_{MPP} 构成的矩型面积是该曲线所能包揽的最大面积，称为光伏电池的最佳输出功率或最大输出功率 P_{MPP}，其计算公式为

$$P_{MPP} = I_{MPP} U_{MPP} = F_F I_{sc} U_{OC} \qquad (4-11)$$

式中　　F_F——光伏电池的填充因子或曲线因数，为 I_{MPP} 和 U_{MPP} 构成的矩型面积 B 与 I_{sc} 和 U_{OC} 构成的矩形面积 A 的比值。

以上介绍的是光伏电池二极管模型，基于该模型可计算输出特性曲线及最大功率点。光伏电池简化二极管等效电路及其数学模型中含有 I_{ph}、I_0、R_s、R_{sh}、I_D 等参数，这些技术参数光伏电池厂商一般不提供，因此简化二极管等效电路模型无法直接使用。但光伏电池厂商通常提供标准测试条件下（辐照度 1000W/m²、光伏电池板温度 25℃）的开路电压 U_{OC}、短路电流 I_{sc}、最佳工作电压 U_{mref}、最佳工作电流 I_{mref}、最大输出功率 P_{mref}，可以利用这些参数建立面向实际应用的光伏电池模型。

根据光伏电池厂商提供的标准测试条件下的参数，可采用式（4-12）、式（4-13）计算当前气象条件下光伏电池最大功率点对应的输出电流 I_{MPP} 和输出电压 U_{MPP}

$$I_{MPP} = I_{mref} \frac{G_e}{G_{ref}} (1 + a\Delta T) \qquad (4-12)$$

$$U_{MPP} = U_{mref} \ln(e + b\Delta G)(1 - c\Delta T) \qquad (4-13)$$

式中　G_{ref}——标准测试条件下的太阳辐照度，W/m^2；

　　　I_{mref}——光伏电池在标准工况下的最佳输出电流，A；

　　　U_{mref}——光伏电池在标准工况下的最佳输出电压，V；

　　　ΔG——实际的辐照度与标准测试条件下辐照度的差，$\Delta G = G_e - G_{ref}$，W/m^2；

　　　ΔT——光伏电池板的实际温度与标准测试条件下光伏电池板温度的差，$\Delta T = T_m - T_{ref}$，℃；

　　　T_m——光伏电池板的实际温度，℃；

　　　T_{ref}——标准测试条件下的光伏电池板温度，℃；

　　　e——自然对数的底数，其值可取 2.718 28；

a、b、c——补偿系数，根据光伏组件实验数据进行拟合得到，并根据实测数据定期修正。

特定工况下光伏组件的直流输出功率 P_{dc} 为

$$P_{dc} = U_{MPP} \times I_{MPP} \qquad (4-14)$$

4.1.3　逆变器效率模型

通过光伏电池模型可得到当前气象条件下的直流输出功率，为了最终计算光伏电站并网点的交流输出功率，需要利用逆变器效率模型，计算光伏电池从直流到交流的转换。

由于目前理论认知的局限性，逆变器效率模型难以用数学模型准确描述。可结合逆变器的参数和运行经验，综合考虑光伏电池板的数量、老化、失配损失、尘埃遮挡、线路传输及站用电损失等因素，建立逆变器效率模型，从而计算得到光伏电站并网点的交流输出功率 P_{ac} 为

$$P_{ac} = n \times P_{dc} \times K_1 \times K_2 \times K_3 \times K_4 \times \eta_{inv} \qquad (4-15)$$

式中　　n ——发电运行的光伏组件有效数量;

　　　　P_{dc} ——光伏组件的直流输出功率,W;

　　　　K_1 ——光伏组件老化损失系数,每年按照一定比例递减,$K_1 = 1 - ky_a$,

　　　　　其中 y_a 为不同光伏组件年衰减率,以光伏电池厂商提供的相

　　　　　关衰减率参数为依据,k 为并网光伏电站投入使用的年数;

　　　　K_2 ——光伏组件失配损失系数;

　　　　K_3 ——尘埃遮挡损失系数;

　　　　K_4 ——线路传输及站用电损失系数;

　　　　η_{inv} ——并网逆变器效率,采用欧洲标准 EN 50530 进行等效。

　　每年通过采集实际运行数据,可利用自回归的方法对 K_1、K_2、K_3、K_4 的值进行修正。

4.1.4　资源功率转化模型

在实际应用中,光伏发电功率预测的物理方法主要步骤如下:

(1)搜集光伏电站的基本信息,包括光伏电站的地理信息、光伏组件安装面积、安装方式、光伏组件参数、逆变器参数等信息。

(2)结合光伏组件经纬度及安装方式等信息,建立太阳位置模型。

(3)利用太阳位置模型将 NWP 提供的太阳辐照度、温度等气象要素预报数据转换为光伏组件可接收的有效辐照度;基于光伏电池厂商提供的光伏电池参数、经转换后的有效辐照度等信息,建立光伏电池模型,计算光伏电池的直流输出功率。

(4)基于光伏组件片数、线损等因素,建立逆变器效率模型,计算光伏电站并网点的交流输出功率。

基于物理方法的光伏发电短期功率预测算法示意图如图 4-8 所示。

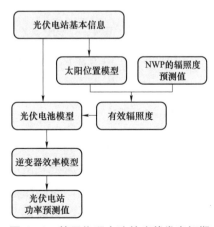

图 4-8　基于物理方法的光伏发电短期
功率预测算法示意图

4.2 统 计 方 法

统计方法通过建立历史 NWP 与历史光伏电站功率之间的映射关系形成预测模型，再利用该预测模型，以 NWP 数据为输入对光伏电站功率进行预测。光伏发电功率预测统计方法的建模流程如图4-9所示。统计方法通过统计挖掘，建立输入、输出数据间的映射关系，模糊了光伏电站内部元件的各类特性，避免了元件参数不精确造成的误差，预测效果较好。但统计方法需要大量历史数据作为建模基础，适用于投运时间超过一年的光伏电站，对于运行数据较少的新建光伏电站缺乏适用性。

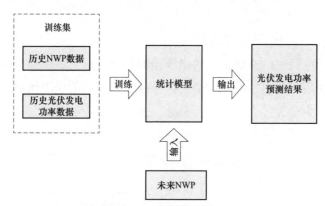

图 4-9   光伏发电功率预测统计方法建模流程

在统计方法中，最简单的模型为线性回归模型，可通过最小二乘法（ordinary least square，OLS）进行数据拟合

$$y_i = \beta_0 + \beta_1 x_{i1} + \cdots + \beta_p x_{ip} \tag{4-16}$$

式（4-16）描述了 p 个解释变量 x 与被解释变量 y 之间的线性回归关系。线性回归模型尽管简单方便，但由于难以描述变量间复杂的非线性映射关系，预测效果不好，因此在光伏发电短期功率预测中已经很少使用。

以人工神经网络为代表的机器学习方法可以很好地描述变量间的复杂非线性映射关系，是最常用的统计方法之一，其他人工智能方法如支持向量回归、k 近邻回归、决策树回归也是较常用的统计方法。

4.2.1　人工神经网络模型

人工神经网络是模拟人类大脑神经系统的一种数学模型。典型神经网络的基本架构如图 4-10 所示，神经网络由大量简单的处理单元组成高度复杂的非线性自适应系统。虽然单个神经元的结构极其简单，功能有限，但是大量神经元构成的网络系统可实现较为强大的功能。根据不同的分类方式，神经网络算法可分为不同的种类。如按学习方式的不同，可分为有监督学习神经网络和无监督学习神经网络；按信息传递规律的不同，可分为前馈神经网络、反馈神经网络及自组织神经网络等。

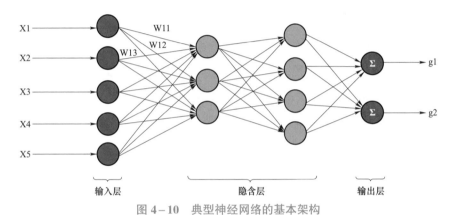

图 4-10　典型神经网络的基本架构

人工神经网络的特点和优越性主要表现在两个方面：

（1）具有自学习功能。如应用于图像识别时，先将各种不同的图像样本和对应的识别结果输入人工神经网络，网络可依靠自学习能力，逐渐学会识别类似的图像。

（2）具有高速寻找优化解的能力。寻找一个复杂问题的优化解，往往需要很大的计算量，利用一个针对某问题而设计的反馈型人工神经网络，发挥计算机的高速运算能力，可很快找到优化解。

此外，人工神经网络对于需要处理大量数据且不能用规则或公式精确描述的问题，也表现出了很好的灵活性和自适应性。

4.2.1.1　BP 神经网络

目前应用颇为广泛的 BP 神经网络架构如图 4-11 所示。

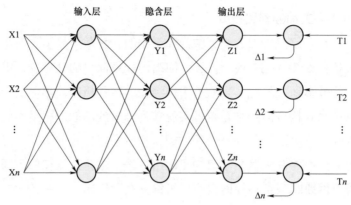

图4-11　BP神经网络架构

BP神经网络是指基于误差反向传播算法的多层前向神经网络,采用有监督的训练方式。BP神经网络具有如下特点:

(1)能够以任意精度逼近任何非线性映射,实现对复杂系统的建模。

(2)可以学习和自适应未知信息,如果系统发生了变化,可以通过修改网络的连接值来改变系统输出结果。

(3)采用分布式信息存储与处理结构,具有一定的容错性,构造出来的系统具有较好的鲁棒性。

(4)多输入、多输出的模型结构,适合处理复杂问题。

BP神经网络除输入、输出节点外,还有一层或多层隐含层节点,同层节点中没有任何连接。输入信号从输入节点依次传到各隐含层节点,然后传到输出节点,每层节点的输出只影响下一层节点的输出。BP神经网络整体算法成熟,其信息处理能力来自于对简单非线性函数的多次复合。

然而,BP神经网络也有其固有的局限,主要体现在以下3个方面:

(1)收敛速度慢。为保证BP神经网络算法的收敛性,学习率η必需小于设定值。这就决定了BP神经网络算法的收敛速度不可能较快,并且越是接近极小值处,由于梯度变化值逐渐趋于零,算法的收敛速度就越慢。

(2)算法不完备,易陷入局部极小,不能保证收敛到全局最小点。实际问题的求解空间往往是极其复杂的多维曲面,存在着很多局部极小点,使得陷于局部极小的可能性大大增加，这使得权值初始值的选择对网络学习结果有较大的影响，通过随机设置的初始权值一次训练而达到全局最优解比较困难。

（3）网络隐含层层数及隐含层单元数的选取尚无理论上的指导，只能根据经验确定，因此，网络往往有很大的冗余性，无形中增加了网络学习的时间。

4.2.1.2　深度学习神经网络

早期的神经网络模型以单隐含层的浅层神经网络为主，是人工智能发展的第一次浪潮，无论是在理论分析还是应用中都获得了巨大的成功，其代表性算法是单隐含层的 BP 神经网络、SVM 等。然而，浅层学习在有限样本和计算单元情况下对复杂函数的表示能力有限，针对复杂分类及回归问题的泛化能力受限。

针对浅层学习的局限性，深度学习（deep learning）应运而生。深度学习本质是学习样本数据的内在规律，通过建立一种深层非线性网络结构，先将初始的低层特征表示转化为高层特征表示后，再进行各种目标的学习，可以解决很多高维度的复杂问题。图 4－12 给出了一种典型的深度学习网络架构，其中最底层为高维的输入，A 和 B 为两个隐含层，最后通过 F 函数输出。

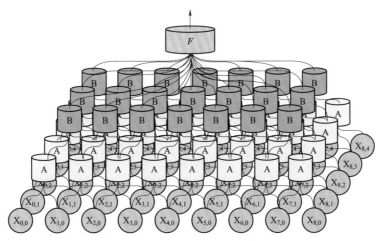

图 4－12　典型的深度学习网络架构

深度学习是根据海量的训练数据，通过构建具有多隐含层的机器学习模型来学习更有用的特征，从而提升分类或预测的准确性。深度模型是手段，特征学习是目的。区别于传统的浅层学习，深度学习的不同体现在以下两个方面：

（1）强调了模型结构的深度，包含 2 个及以上隐含层的神经网络均可归为深度学习网络，对于特别复杂的计算问题，甚至需要建立 10 个以上隐含层的深度学习网络。

（2）明确突出了特征学习的重要性，也就是说，通过逐层特征变换，将样本在原空间的特征表示变换到一个新的特征空间，从而使分类或预测更加容易。与人工规则构造特征的方法相比，利用大数据来学习特征，能够更好地刻画数据的丰富内在特征。

对于单一光伏电站的功率预测，浅层神经网络即可达到很好的拟合效果。当研究区域需要预测多个光伏电站的发电功率时，以及在采用高分辨率云图像作为输入的复杂问题上，由于处理数据维度高、数据间相关性复杂，浅层神经网络难以较好描述这种复杂的映射关系，此时可以采用深度学习网络模型改善光伏发电功率预测效果。

4.2.2　其他统计方法及模型

除人工神经网络模型外，一些其他常见的统计模型，如极限学习机、SVM 等也被用于光伏发电功率预测中。

（1）极限学习机。极限学习机（extreme learning machine，ELM）是一种单隐含层的前向反馈神经网络，具有计算效率高、泛化能力强的特点，在光伏发电功率预测中有着较多的应用。极限学习机隐含层节点参数可以随机或人为给定，而且在训练过程中不需要调整，输出权重参数可以通过解析法进行矩阵计算得到。因此，相对于传统的梯度学习神经网络方法，极限学习机计算效率更高。在简化隐含层参数优化的同时，对于同一问题，为达到相似的拟合精度，极限学习机所需要的节点数量通常要多于 BP 神经网络的节点数量。

（2）支持向量回归。SVM 是一种基于核函数的监督型机器学习算法，最初用于解决分类问题。SVM 非常擅长解决复杂的具有中小规模训练集的非线性问题,甚至在特征多于训练样本时也能有非常好的表现,但是随着样本量的增加,SVM 模型的计算复杂度也会明显增加。支持向量回归则是在 SVM 原理的基础上用于解决回归问题的算法。支持向量回归可以良好地拟合解释变量和光伏发电功率之间的非线性映射关系,且模型具有良好的泛化能力,在光伏发电功率预测中得到了广泛的应用。

（3）k 近邻回归。k 近邻回归（k-nearest neighbors）是一种经典的非参数机器学习算法,其基本思想是在特征空间中搜索与目标点最相似的 k 个样本,再根据这 k 个样本结果进行分类和回归。这种算法无需提前进行参数训练,只在预测或分类新的目标时才进行计算,因此被称为基于实例的学习（instance-based learning）算法或懒惰学习（lazy learning）算法。在光伏发电功率预测中,如果采用 k 近邻回归算法,功率预测值可以通过 k 个样本的加权平均求得。

（4）决策树回归。决策树（decision tree）是一种常见的监督型机器学习算法,可以实现分类及回归功能,其基本思想是通过一系列的决策划分最终得到预测结果,符合人类思维的逻辑判断过程。相对于神经网络模型的"黑盒子"特性,决策树模型更加直观,也更方便理解。一棵决策树通常包含一个根结点,若干个内部结点以及若干个叶结点。叶结点对应决策结果,其他每个结点则对应一个属性测试,每个结点包含的样本集合根据属性测试的结果划分到子结点中。根结点包含样本全集,从根结点到每个叶结点的路径对应了一个判定测试序列。在光伏发电功率的预测应用中,采用的是决策树中的回归树（regression tree）。以分类回归树（classification and regression tree,CART）为例,CART 由一系列二叉树构成,回归树分裂训练集的标准与分类决策树不同,并不采用基尼不纯度或信息熵为标准,而是以最小化子集的结果误差为标准进行模型训练。

（5）小波分析算法。小波分析具有多分辨率分析的特点,在时域和频域都具有表征信号局部信息的能力。近年来,国内外不少研究将小波分析用于分析和预测光伏发电功率,对光伏发电功率进行不同频段的分解和预测,以及异常数据点识别。通常将小波分析算法与其他统计方法相结合进行预测,以深入分析变量之间的关系,提高预测精度。

（6）分类回归算法。分类回归算法以光伏发电功率本身的周期性规律或者不同天气类型下的差异为基础，建立特征指标体系识别分类，划分数据样本，获得相似样本集，再根据相似样本集的特点分别建立预测模型，充分挖掘相似样本的有效信息进行预测。研究表明，采用分类回归算法可以有效提高模型学习效率和预测精度。

4.3 预测结果修正方法

光伏电站实测辐照度、实际功率等历史数据对提高预测准确性具有非常重要的意义。对于光伏发电功率预测来说，太阳辐照度预报存在误差，根据实测辐照度对 NWP 提供的太阳辐照度进行回归分析可在一定程度上提高预报精度。

4.3.1 回归分析的基本概念

变量之间的关系一般可分为确定性与非确定性两种。确定性关系是指变量之间的关系可以用函数关系来表达，非确定性关系是指变量之间既存在密切的数量关系，又不能由一个（或几个）变量的值精确地求出另一个变量的值，但在大量统计资料和试验的基础上，可以寻找变量之间的规律性。回归分析主要研究某一变量（因变量）与另一个或多个变量（自变量）间潜在的依存关系，其目的在于根据已知的自变量值来估计或预测因变量。回归分析按模型中自变量的多少，分为一元回归模型和多元回归模型；按模型中参数与因变量之间的关系，分为线性回归模型和非线性回归模型。对于太阳辐照度预报值的修正，一般利用实测太阳辐照度数据，采用一元线性回归的方式实现。

4.3.2 一元线性回归的数学模型

一元回归处理的是两个变量之间的关系，即两个变量 x 与 y 间若存在一定的关系，则通过实验，分析所得数据，找出反映两者之间联系的回归模型。假设两个变量之间的关系是线性的，那么就是一元线性回归分析所研究的对象，两者的关系可假设具有以下结构式

$$y_i = \beta x_i + \beta_0 + \varepsilon_i \quad i = 1, 2, \cdots, n \tag{4-17}$$

其中，y_i 为预测值、x_i 为实测值，未知数 β、β_0 与 x 无关，ε_i 表示其他因素对观测值影响的总和，一般假设它们是一组相互独立且服从同一正态分布 $N(0,\sigma)$ 的随机变量。变量 x 可以是随机变量，也可以是一般变量，这里只讨论一般变量的情况，即认为 x 是可以精确测量或严格控制的变量，在上述条件下，变量 y 是服从正态分布 $N(\beta_0 + \beta x_i, \sigma)$ 的随机变量，式（4-17）就是一元线性回归的数学模型。

4.3.3　参数的最小二乘估计

如果假设参数 b_0、b 分别是参数 β_0、β 的估计值，那么可得一元线性回归的回归方程为

$$\hat{y}_i = bx_i + b_0 \tag{4-18}$$

式中　b_0、b ——回归方程的回归系数。

对于 x_i，可由式（4-18）确定回归值 $\hat{y}_i = bx_i + b_0$，该回归值与 y_i 的差，即 $y_i - \hat{y}_i = y_i - b_0 - bx_i$，刻画了 y_i 与回归直线 $\hat{y}_i = bx_i + b_0$ 的偏离程度。显然，y_i 与 $\hat{y}_i$ 的差的平方和刻画了全部观察值与回归直线的偏离程度。

$$Q(b_0, b) = \sum_{i=1}^{n}(y_i - \hat{y}_i)^2 = \sum_{i=1}^{n}(y_i - b_0 - bx_i)^2 \tag{4-19}$$

由上所述，用最小二乘法得出的回归方程是一条直线，它和点（x_i，y_i）（$i = 1, 2, \cdots, n$）的偏离是一切直线中最小的。

根据极值原理，回归系数 b_0、b 应是以下方程组的解

$$\begin{cases} \dfrac{\partial Q}{\partial b} = -2\sum_{i=1}^{n}(y_i - b_0 - bx_i)x_i = 0 \\ \dfrac{\partial Q}{\partial b_0} = -2\sum_{i=1}^{n}(y_i - b_0 - bx_i) = 0 \end{cases} \tag{4-20}$$

解式（4-20）的方程组，得

$$\begin{cases} b = \dfrac{\displaystyle\sum_{i=1}^{n}x_i y_i - \dfrac{1}{n}\left(\sum_{i=1}^{n}x_i\right)\left(\sum_{i=1}^{n}y_i\right)}{\displaystyle\sum_{i=1}^{n}x_i^2 - \dfrac{1}{n}\left(\sum_{i=1}^{n}x_i\right)^2} \\ b_0 = \overline{y}_i - b\overline{x}_i \end{cases} \tag{4-21}$$

其中

$$\bar{x} = \frac{1}{n}\sum_{i=1}^{n} x_i$$

$$\bar{y} = \frac{1}{n}\sum_{i=1}^{n} y_i$$

综上所述，根据给定的预测值与实测值，可由式（4-21）求得采用最小二乘估计所得的回归系数 b_0、b，并最终确定回归模型的表达式，用于对辐照度预测值的修正。

4.4 应 用 实 例

以辽宁地区并网的 10 个光伏电站为例，介绍预测建模步骤，并分析预测效果。10 个光伏电站的装机容量见表 4-1，总装机容量 174MW，数据的时间范围为 2018 年 1 月～2019 年 3 月，其中 2019 年 1～3 月的数据作为测试数据，不参与模型训练，仅用于评价预测效果。分别给出物理方法、统计方法以及线性回归修正后的预测算例，预测结果均根据上述相同测试集计算得到。

表 4-1   辽宁地区 10 个光伏电站的装机容量

光伏电站名称	装机容量（MW）	光伏电站名称	装机容量（MW）
光伏电站 1	10	光伏电站 6	20
光伏电站 2	10	光伏电站 7	20
光伏电站 3	24	光伏电站 8	20
光伏电站 4	10	光伏电站 9	40
光伏电站 5	10	光伏电站 10	10

4.4.1　物理方法

光伏电站物理方法的数学模型需要收集光伏电站基本参数、光伏组件参数及阵列信息等技术参数，如光伏电池在标准工作状态下的开路电压、短路电流、最佳工作电压和最佳工作电流等。表 4-2～表 4-4 列出了光伏电站相关参数收集的表格样例。

表 4-2　　　　　　　　　光 伏 电 站 基 本 参 数

序号	名称	基本参数
1	光伏电站名称	
2	建设地点	
3	电站经纬度坐标	
4	占地面积（km²）	
5	装机容量（MW）	
6	电力调度机构名称	
7	并网线路及电压等级	
8	上网变电站名称	

表 4-3　　　　　　　　光 伏 阵 列 信 息 表

电池型号	电池片数	逆变器型号	光伏阵列的倾斜角	光伏阵列的方位	串并联方式	总功率（W）

注　1. 倾斜角是光伏电池板与地面的夹角。

　　2. 如果电池板水平放置，方位角为零，正南为 0°，正西为 90°，正北为 180°，正东为 270°。

表 4-4　　　　　　　　光 伏 组 件 参 数 表

电池型号	最佳工作电压（V）	最佳工作电流（A）	开路电压（V）	短路电流（A）	最大输出功率（W）

在获取光伏电站的基础资料后，利用太阳位置模型、二极管模型和逆变器效率模型，建立光伏电站的物理预测模型。在实际运行中，利用 NWP 提供的相关气象要素预报数据，通过物理预测模型，可计算得到光伏电站的功率预测值。表 4-5 给出了辽宁地区 10 个光伏电站采用物理方法的预测效果，计算过程中去掉了凌晨和夜间光伏电站输出功率为 0 的时段的数据。图 4-13 和图 4-14 分别给出了光伏电站 1 和光伏电站 4 采用物理方法的预测功率和实际功率的时间序列图。其中，光伏电站 1 的功率波动较

小，而光伏电站 4 存在大量剧烈的波动，最大波动幅度可达 90%的装机容量。在日前的短期预测尺度下，难以精确地预测这一剧烈波动过程。因此，整体上光伏电站 4 的预测效果相对较差。

表 4-5   辽宁地区 10 个光伏电站采用物理方法的预测效果

光伏电站名称	平均绝对误差（%）	均方根误差（%）	相关性系数	误差小于 20%装机容量所占的比例（%）
光伏电站 1	12.01	16.05	0.80	82.09
光伏电站 2	12.47	17.11	0.82	77.71
光伏电站 3	15.16	19.87	0.74	70.52
光伏电站 4	16.45	23.60	0.64	71.83
光伏电站 5	11.70	15.12	0.80	83.87
光伏电站 6	10.47	14.46	0.82	85.15
光伏电站 7	15.15	20.17	0.78	69.49
光伏电站 8	12.01	15.82	0.78	80.83
光伏电站 9	11.98	14.82	0.77	81.81
光伏电站 10	11.98	15.14	0.84	82.00

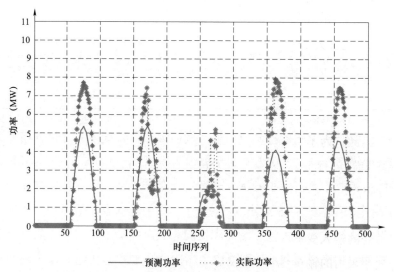

图 4-13   光伏电站 1 采用物理方法的预测功率和
实际功率的时间序列图

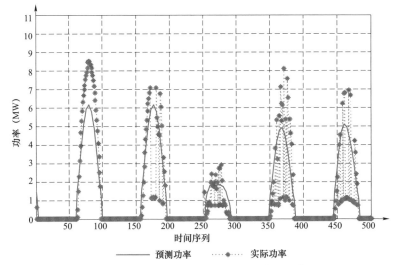

图 4-14　光伏电站 4 采用物理方法的预测功率和
实际功率的时间序列图

4.4.2　统计方法

以 BP 神经网络算法为例，构建光伏发电功率预测的统计模型，预测建模包含输入变量的选择、输入变量的标幺值计算、网络结构分析、算例结果分析 4 个步骤。

4.4.2.1　输入变量的选择

NWP 包含大量的气象变量，变量的选择是模型成败的关键。从前文的分析可知，太阳辐照度是影响光伏电站功率的首要因素，其次是温度，而云量、湿度也在一定程度上影响光伏电站的功率。实践证明，各光伏电站输出功率的影响因素各不相同，不同变量的组合对功率输出的影响也不尽相同，因此，为了选择适合特定光伏电站的预测变量，需采用一定的变量优选算法进行变量或变量组合的优选，最终挑选出最适合的输入变量组合。

4.4.2.2　输入变量的标幺值计算

适当的输入变量处理可以提高神经网络的学习效率，提高预测精度。下面介绍采用的输入变量预处理方法：

太阳辐照度的单位为 W/m^2，太阳辐照度的标幺值为

$$G_g = \frac{G_p}{G_{pmax}} \qquad (4-22)$$

式中　G_g——辐照度标幺值；

　　　G_p——NWP 的辐照度，W/m²；

　　G_{pmax}——NWP 的辐照度的历史最大值，W/m²。

气温的单位通常采用摄氏温度（℃），气温的标幺值为

$$T_g = \frac{T_p}{|T_p|_{max}} \qquad (4-23)$$

式中　T_g——气温标幺值；

　　　T_p——NWP 预测的气温，℃；

　　$|T_p|_{max}$——NWP 的气温绝对值的历史最大值，℃。

NWP 中湿度常用的表示形式包括绝对湿度（即水气压）及相对湿度，其中，绝对湿度单位是百帕（hPa），相对湿度一般用整数表示，无量纲，湿度的标幺值为

$$H_g = \frac{H_p}{H_{pmax}} \qquad (4-24)$$

式中　H_g——湿度标幺值，即相对湿度；

　　　H_p——NWP 的绝对湿度值，hPa；

　　H_{pmax}——NWP 湿度的历史最大值，hPa。

4.4.2.3　网络结构分析

神经元个数对结果有很大的影响，神经元个数过少，拟合精度不够；神经元个数过多，一方面会导致训练时间增大，很难收敛，另一方面可能导致模型过拟合，使得模型的泛化能力降低。目前还没有快速确定最优神经元个数的方法，隐含层神经元个数的确定仍然带有很大的主观性。

假定 BP 神经网络中隐含层神经元个数可以根据需要自由设定，那么一个三层网络可以实现以任意精度逼近任何连续函数。因此，在光伏发电功率预测的网络结构设定时，选用一个隐含层，即三层网络，就能较好地完成非线性映射。

4.4.2.4　算例结果分析

辽宁地区 10 个光伏电站采用统计方法的预测效果见表 4-6，计算过程中去掉了凌晨和夜间光伏电站输出功率为 0 的时段的数据。仅从 10 个光伏电站的均方根误差指标来看，除光伏电站 6 之外，其他光伏电站的统计模型预测效果较物理模型均有不同程度的提高，分别提高了 13.91%、12.70%、8.61%、12.90%、10.42%、4.72%、9.58%、4.86%、10.30%。由于统计方法的数据更加完备，模型直接建立气象要素和光伏发电功率之间的映射关系，预测效果整体优于物理方法，因此，在新建的光伏电站数据累积超过 1 年时，建议建立统计模型，并对比两种模型的预测效果后进行模型更新。本应用实例中，除光伏电站 6 之外，其他 9 个光伏电站均可更新为统计方法模型。图 4-15 和图 4-16 分别给出了光伏电站 1 和光伏电站 4 采用统计方法的预测功率和实际功率的时间序列图。

表 4-6　　辽宁地区 10 个光伏电站采用统计方法的预测效果

光伏电站名称	平均绝对误差（%）	均方根误差（%）	相关性系数	误差小于 20% 装机容量所占的比例（%）
光伏电站 1	10.29	13.82	0.87	84.75
光伏电站 2	10.96	14.93	0.87	82.89
光伏电站 3	13.55	18.16	0.80	74.56
光伏电站 4	14.09	20.56	0.70	74.12
光伏电站 5	9.71	13.55	0.85	85.27
光伏电站 6	11.92	16.71	0.76	79.46
光伏电站 7	13.94	19.22	0.83	72.60
光伏电站 8	10.68	14.3	0.84	83.86
光伏电站 9	10.59	14.09	0.82	81.54
光伏电站 10	9.57	13.58	0.88	87.62

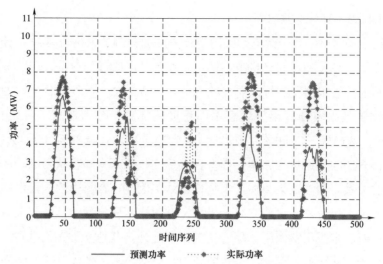

图 4-15　光伏电站 1 采用统计方法的预测功率和实际功率的时间序列图

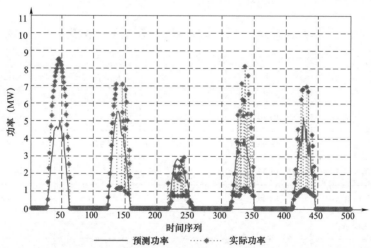

图 4-16　光伏电站 4 采用统计方法的预测功率和实际功率的时间序列图

4.4.3　线性回归修正

在模型训练阶段，首先将训练集数据中的预测辐照度根据实际辐照度数据进行线性回归修正，得到对应的线性回归参数和修正后的辐照度，再将修正后的辐照度作为输入，根据前文所述的统计方法训练并建立 BP 神经网络模型。图 4-17 给出了光伏电站 1 的辐照度修正效果图，可见辐照度的整体趋势得到了修正，降低了幅值偏差，但由于实际辐照度中的剧烈

波动难以通过日前 NWP 捕捉到，预测的辐照度依然相对平滑。

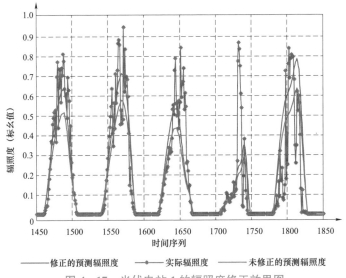

——修正的预测辐照度 ——实际辐照度 ——未修正的预测辐照度

图 4-17 光伏电站 1 的辐照度修正效果图

在模型检测阶段，首先根据拟合好的回归参数对预测辐照度进行修正，再输入训练好的 BP 神经网络得到光伏发电功率的预测结果。

预测结果评价阶段，指标计算过程中同样去掉了凌晨和夜间光伏电站输出功率为 0 的时段的数据，辽宁地区 10 个光伏电站通过线性回归修正的预测效果见表 4-7。仅从 10 个光伏电站的均方根误差指标看，线性回归方法相对于未经过修正的统计方法分别提升了 3.68%、2.10%、2.58%、4.17%、3.54%、4.36%、8.49%、3.23%、8.25%、3.00%。算例表明，线性回归方法可以通过优化辐照度数据，进一步提升预测效果。图 4-18 和图 4-19 分别给出了光伏电站 1 和光伏电站 4 通过线性回归修正的预测功率和实际功率的时间序列图。

表 4-7 辽宁地区 10 个光伏电站通过线性回归修正的预测效果

光伏电站名称	平均绝对误差（%）	均方根误差（%）	相关性系数	误差小于 20% 装机容量所占的比例（%）
光伏电站 1	9.98	13.31	0.87	87.58
光伏电站 2	10.71	14.62	0.87	84.81

续表

光伏电站名称	平均绝对误差（%）	均方根误差（%）	相关性系数	误差小于 20%装机容量所占的比例（%）
光伏电站 3	13.15	17.69	0.80	77.68
光伏电站 4	14.98	19.7	0.70	71.91
光伏电站 5	9.41	13.07	0.85	86.33
光伏电站 6	12.22	15.98	0.76	81.68
光伏电站 7	12.69	17.59	0.83	80.04
光伏电站 8	10.21	13.84	0.84	86.22
光伏电站 9	10.53	12.93	0.82	88.69
光伏电站 10	9.71	13.18	0.88	87.80

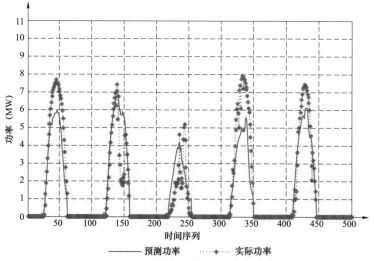

图 4-18 光伏电站 1 通过线性回归修正的预测功率和
实际功率的时间序列图

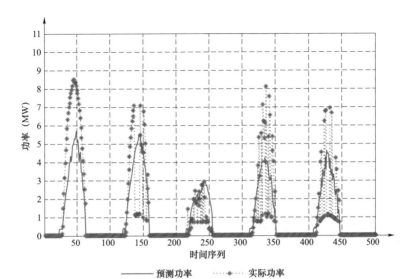

图 4 - 19   光伏电站 4 通过线性回归修正的预测功率和实际功率的时间序列图

第 5 章

光伏发电超短期功率预测技术

　　光伏发电超短期功率预测需要每 15min 滚动预测未来 4h 以内的光伏发电功率。与光伏发电短期功率预测相比，由于预测时段短、更接近预测时刻，光伏发电超短期功率预测精度更高；此外，光伏发电超短期功率预测主要用于实时调度，因此，对其预测精度，尤其是非晴朗天气状态下功率快速波动的追踪预测能力要求更高。光伏发电超短期功率预测输入、输出示意图如图 5-1 所示。

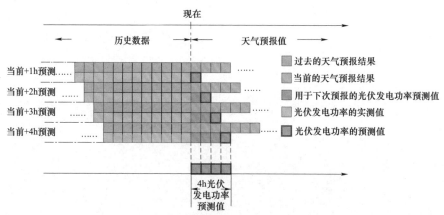

图 5-1　光伏发电超短期功率预测输入、输出示意图

　　近年来，国内外学者对光伏发电超短期功率预测技术进行了较为深入的研究探索，形成了以时间序列法为代表的传统预测方法和以人工神经网络为代表的人工智能预测方法。同时，组合预测方法也得到了越来越广泛的应用。与光伏发电短期功率预测相比，光伏发电超短期功率预测模型可

利用预测执行时刻及历史若干时刻的实测数据，模型输入数据更加多样，基本技术路线如图 5-2 所示。

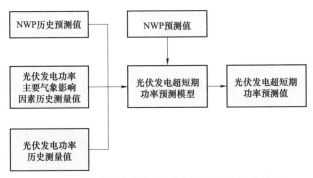

图 5-2　光伏发电超短期功率预测基本技术路线

5.1　时　间　序　列　方　法

光伏发电功率时间序列蕴含了该序列的历史行为信息，通过对当前及之前有限长度的观测数据进行分析，建立相应的参数模型，然后利用该模型对序列未来的变化情况进行预测，基于时间序列方法的光伏发电超短期功率预测示意图如图 5-3 所示。

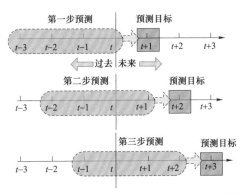

图 5-3　基于时间序列方法的光伏发电超短期功率预测示意图

时间序列分析源自美国学者博克斯和英国统计学家詹金斯共同建立的博克斯—詹金斯（B-J）算法，这是一种随机事件序列预测方法。它将预测对象随时间变化形成的序列看作一个随机序列，也就是说，除了偶然原因引起的个别序列值外，时间序列是依赖于时间的一组随机变量。其中，单个序列值的出现具有不确定性，但整个序列的变化呈现一定的规律性。该方法的基本思想是：随时间变化而又相互关联的数值序列，可以用相应的数学模型近似描述。通过对数学模型的分析研究，认识这些动态数据的内在结构和复杂特性，从而达到在最小方差意义下的最佳预测。

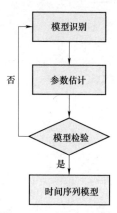

图 5-4 时间序列分析
模型的建模流程

时间序列方法建模的本质是建立输入与输出之间线性的映射关系，一般要求时间序列为平稳时间序列，在实际问题中，时间序列大多并不平稳，而是呈现出各种趋势性和季节性的变化，对于非平稳时间序列要进行处理得到平稳、正态、零均值的时间序列。

主要的时间序列模型包括自回归模型（AR）、滑动平均模型（MA）、自回归滑动平均模型（ARMA）。模型识别、参数估计、模型检验是建模的 3 个主要步骤，时间序列分析模型的建模流程如图 5-4 所示。

ARMA 是 B-J 算法的基本模型，它只适用于对平稳时间序列的描述。对于平稳、正态、零均值的时间序列 $X = \{x_t \mid t = 0,1,\cdots,n-1\}$，若 X 在 t 时刻的取值不仅与其前 n 步的各个值 $x_{t-1},x_{t-2},\cdots,x_{t-n}$ 有关，还与前 m 步的各个干扰 $\alpha_{t-1},\alpha_{t-2},\cdots,\alpha_{t-m}$ 有关（n、$m=1$，2，$\cdots$），按照多元线性回归的思想，可以得到一般的 ARMA（n，m）模型为

$$x_t = \sum_{i=1}^{n}\varphi_i x_{t-i} - \sum_{j=1}^{m}\theta_j \alpha_{t-j} + \alpha_t \qquad (5-1)$$

式中　x_t——时间序列，如光伏发电的历史功率数据就是一组时间序列；

　　　x_{t-i}——$t-i$ 时刻的观测值；

　　　α_t——白噪声序列；

$\sum_{i=1}^{n}\varphi_i x_{t-i}$——自回归项；

$\sum_{j=1}^{m}\theta_j \alpha_{t-j}$——白噪声序列的滑动平均项。

上述方程表明，ARMA 表征一个时间序列在某时刻的值可以用 n 个历史观测值的线性组合再加上一个白噪声序列的 m 项滑动平均表示。时间序列预测就是根据这一原理去推断产生这个有限序列的内在真实规律，要确切寻找真实规律是十分困难的，只能依据有限序列建立相符合的预测模型来替代，这个过程需要进行模式识别和参数估计。模式识别就是判定符合要求的模型属于哪一类，参数估计是在判定模型之后，根据适当方法计算模型中的未知参数。由于这种推断不可能完全准确，因而对所确定的模型是否合适还需要进行检验。

5.2　机 器 学 习 方 法

类似于光伏发电短期功率预测的统计方法，在光伏发电超短期功率预测中也可基于机器学习方法建立预测模型。机器学习的本质是建立研究对象的特征与期望输出之间的映射关系，包括输入特征选择和映射模型构建两个部分。基于机器学习的光伏发电超短期功率预测方法，首先根据光伏发电功率的时间相关特性，在历史时刻中选择与未来时刻最相关的若干时刻作为模型的输入特征，随后建立输入特征与期望输出之间的机器学习模型，预测光伏发电超短期功率，具体流程图如图 5－5 所示。

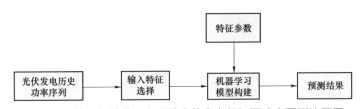

图 5－5　基于机器学习方法的光伏发电超短期功率预测流程图

5.2.1　输入特征选择

目前，有多种输入选择方法，最常用的方法是根据期望输出与备选参数之间的皮尔逊相关系数进行选择，一般选择与期望输出之间相关系数较高的备选参数作为机器学习的输入特征。皮尔逊相关系数的计算公式为

$$r(\Delta t) = \frac{\sum\limits_{t=\Delta t+1}^{n}(x_t - \overline{x}_t)(x_{t-\Delta t} - \overline{x}_{t-\Delta t})}{\sqrt{\sum\limits_{t=\Delta t+1}^{n}(x_t - \overline{x}_t)^2}\sqrt{\sum\limits_{t=\Delta t+1}^{n}(x_{t-\Delta t} - \overline{x}_{t-\Delta t})^2}} \qquad (5-2)$$

式中　　Δt——延迟时间；

　　　　r——皮尔逊相关系数；

　　　　n——数据长度；

　　　　x_t——待预测时刻的光伏发电功率；

　　　　$x_{t-\Delta t}$——待预测时刻前 Δt 时刻的光伏发电功率；

　　$\overline{x}_t$、$\overline{x}_{t-\Delta t}$——均值。

皮尔逊相关系数值越大，说明该时刻数据与待预测时刻数据相关性越强，可以作为预测模型的输入特征。

光伏发电超短期功率预测备选参数集为待预测时刻前一段时间的光伏发电功率数据，图 5-6 所示为不同延迟时间下的皮尔逊相关系数，图 5-7 所示为皮尔逊相关系数大于 0.85 的历史时刻。

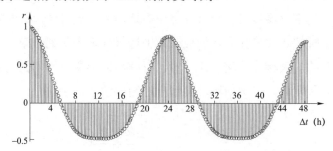

图 5-6　不同延迟时间下的皮尔逊相关系数

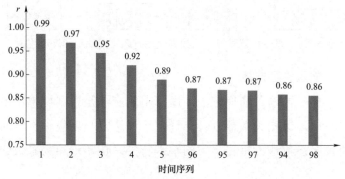

图 5-7　皮尔逊相关系数大于 0.85 的历史时刻

从图5-7可以看出，光伏发电功率时间序列呈现出较强的相关特性，当前时刻的光伏发电功率与前几个时刻的光伏发电功率及前日相同时刻的功率之间的相关性最强，可以根据计算性能要求选择相关性系数较高的几个时刻的功率作为模型的输入。确定模型输入特征后，可以根据模型输入特征构建映射模型对未来功率进行预测。

5.2.2　映射模型构建

光伏发电超短期功率预测的预测时长较短，通常为15min～4h，因此，光伏发电超短期功率预测对模型的计算速度要求相对较高。传统的BP神经网络采用反向传播算法对网络权值进行多轮训练，运算时间和运算资源需求较高，在光伏发电超短期功率预测方面的应用具有一定的局限性。极限学习机模型通过计算广义逆矩阵确定网络权值，具有计算速度快的特点，支持光伏发电超短期功率预测模型的在线训练。同时，由于极限学习机权值学习过程没有用到梯度下降算法，在一定程度上避免了BP神经网络容易陷入局部极小点的缺陷。因此，本节采用极限学习机模型为例说明光伏发电超短期功率预测的模型构建过程。

极限学习机模型的构建包括确定输入个数和确定隐含层单元数两部分，通常采用交叉验证搜索方式确定，极限学习机模型构建流程如图5-8所示。其中输入个数的最大值和隐含层单元数的最大值可根据性能需求和计算资源设置，模型评估指标通常采用在验证集上的预测均方根误差。根据最优结构进行训练，最终得到光伏发电超短期功率预测模型。

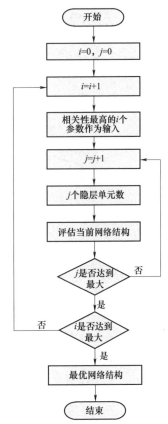

图5-8　极限学习机模型构建流程

5.3 基于晴空模型的预测方法

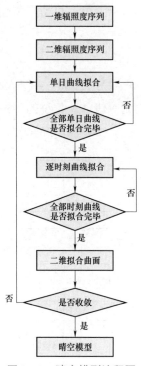

图 5-9 晴空模型流程图

晴空模型的基本原理是根据日地运动的周期性，建立近地面瞬时太阳辐照度与大气层外切平面太阳辐照度之间的关系，进而推算无云层遮挡条件下任意时刻近地面理论辐照度。利用晴空模型，结合光伏电站的历史功率，可实现光伏发电超短期功率预测。

5.3.1 晴空模型

晴空模型难以准确用数学的形式描述，其建立需要考虑多种因素，为满足实际应用的需求，可利用地面辐照度观测值，通过数据拟合的方式建立晴空模型。晴空模型流程图如图 5-9 所示。

5.3.1.1 计算日出和日落时间

根据经验公式计算给定经纬度处每日的日出和日落时间分别为

$$R_t = 24 \left(180 + 15t_z - \alpha - \cos^{-1} \left\{ -\tan \left[-23.4 \cos \frac{360(t+9)}{365} \right] \tan \beta \right\} \right) \Big/ 360 \quad (5-3)$$

$$S_t = 24[1 + (15t_z - \alpha)/180] - R_t \quad (5-4)$$

式中　R_t——日出时间；

　　　S_t——日落时间；

　　　t_z——时区；

　　　α——经度；

　　　β——纬度；

　　　t——日期序列数。

5.3.1.2　数据处理

数据按照以下准则进行筛选，所有异常数据置为空，异常数据包括以下几种类型：

（1）大于 1200 的数据点。

（2）小于 0 的数据点。

（3）在日出和日落时间内连续 1h 均值非零且标准差为零的数据。

（4）连续 24h 以上均值为零且标准差为零的数据序列。

（5）日辐照度序列中第一个非零时刻与当日日出时间偏差超过 1h 的。

（6）日辐照度序列中最后一个非零时刻与当日日落时间偏差超过 1h 的。

将筛选后的数据按照时间顺序排序，见表 5-1，其中每一行代表一天的辐照度序列，每一列代表一年内每日同一时刻的辐照度序列。

表 5-1　　　　　　　　数 据 处 理 表

日期	0:00	0:15	0:30	0:45	···	12:00	···	23:30	23:45
1月1日	0	0	0	0	···	439.56	···	0	0
1月2日	0	0	0	0	···	439.15	···	0	0
1月3日	0	0	0	0	···	348.01	···	0	0
1月4日	0	0	0	0	···	360.11	···	0	0
1月5日	0	0	0	0	···	332.65	···	0	0
···	···	···	···	···	···	···	···	···	···
12月30日	0	0	0	0	···	384.09	···	0	0
12月31日	0	0	0	0	···	420.74	···	0	0

5.3.1.3　日辐照度数据拟合

日辐照度数据拟合流程图如图 5-10 所示。

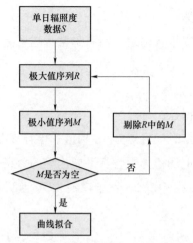

图 5-10　日辐照度数据拟合流程图

（1）取单日辐照度时间序列 S_i（$i=1,2,\cdots,n$），对其进行二次差分计算，其中

$$p_j = \begin{cases} 1 & S_{j+1}-S_j > 0 \\ 0 & S_{j+1}-S_j \leqslant 0 \end{cases} \qquad j=1,2,\cdots,n-1 \qquad (5-5)$$

$$m_k = \begin{cases} 1 & p_{k+1}-p_k < 0 \\ 0 & p_{k+1}-p_k \geqslant 0 \end{cases} \qquad k=1,2,\cdots,n-2 \qquad (5-6)$$

$m_k=1$ 对应的 S_{k+1} 即为辐照度的极大值，以此为基础，构建辐照度极大值序列 R_l（$l=1,2,\cdots,r$），并记录其索引序列 N_l，其中

$$l = \sum_{k=1}^{n-2} m_k \qquad (5-7)$$

（2）对极大值序列 R_l 取负，采用步骤（1）计算序列 R_l 的极小值，根据极小值索引删除 R_l 序列中对应的点，形成新的极大值序列。

（3）重复步骤（2），直到极大值序列不再变化为止，记录极大值序列在原辐照度序列中的位置和数值，形成最终的插值数据集 (x_k,y_k)，其中 $x_0 < \cdots x_{k-1} < x_k < \cdots < x_n$，对应的辐照度数据为 $y_0,\cdots,y_{k-1},y_k,\cdots,y_n$。

（4）节点 $x_1 \sim x_{n-1}$ 将区间 $[x_0,x_n]$ 分为 n 个子区间，对于每一个子区间，采用三次埃尔米特插值法进行拟合，其中第 k 个子区间记为 $[x_{k-1},x_k]$，对

应区间端点的函数值为 $[y_{k-1}, y_k]$，则该区间的三次埃尔米特插值函数为

$$H_k(x) = y_{k-1}\alpha_{k-1}(x) + y_k\alpha_k(x) + y'_{k-1}\beta_{k-1}(x) + y'_k\beta_k(x) \qquad (5-8)$$

其中

$$\alpha_{k-1}(x) = \left(1 + 2\frac{x - x_{k-1}}{x_k - x_{k-1}}\right)\left(\frac{x - x_{k-1}}{x_{k-1} - x_k}\right)^2 \qquad (5-9)$$

$$\alpha_k(x) = \left(1 + 2\frac{x - x_k}{x_{k-1} - x_k}\right)\left(\frac{x - x_{k-1}}{x_k - x_{k-1}}\right)^2 \qquad (5-10)$$

$$\beta_{k-1}(x) = (x - x_{k-1})\left(\frac{x - x_k}{x_{k-1} - x_k}\right)^2 \qquad (5-11)$$

$$\beta_k(x) = (x - x_k)\left(\frac{x - x_{k-1}}{x_k - x_{k-1}}\right)^2 \qquad (5-12)$$

中间节点（$k = 1, 2, \cdots, n-1$）相应的导数可以用左右相邻两个区段的一阶差商加权的方式来进行近似计算

$$y'_k = \begin{cases} \dfrac{\delta_k \delta_{k+1}}{\omega_1 \delta_k + \omega_2 \delta_{k+1}} & \delta_k \delta_{k+1} > 0 \\ 0 & \delta_k \delta_{k+1} \leqslant 0 \end{cases} \qquad (5-13)$$

其中

$$\delta_k = \frac{y_k - y_{k-1}}{x_k - x_{k-1}} \qquad (5-14)$$

$$\omega_1 = \frac{1}{3}\left(1 + \frac{x_k - x_{k-1}}{x_{k+1} - x_{k-1}}\right) \qquad (5-15)$$

$$\omega_2 = \frac{1}{3}\left(1 + \frac{x_{k+1} - x_k}{x_{k+1} - x_{k-1}}\right) \qquad (5-16)$$

端点处的导数可令其与相邻区间的差商相同，即

$$\begin{cases} d_0 = d_1 \\ d_n = d_{n-1} \end{cases} \qquad (5-17)$$

利用上述方法，以某光伏电站为例，某一日每 15min 的日辐照度数据拟合效果如图 5-11 所示。

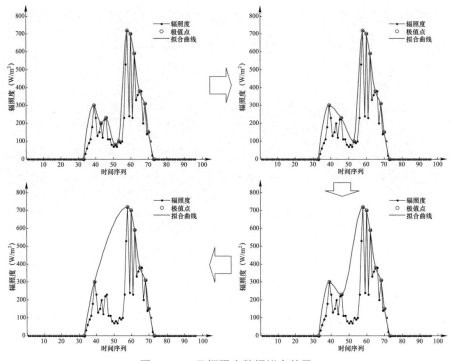

图 5-11　日辐照度数据拟合效果

5.3.1.4　逐时刻辐照度数据拟合

取表 5-1 的某一列数据 S_i（$i=1, 2, \cdots, n$）进行累加，若累加和为 0，则不需要拟合，若累加和不为 0，则采用与日辐照度数据同样的方法进行数据拟合，计算流程如下：

（1）记原始数据为 S_{ij}（$i=1, 2, \cdots, m$；$j=1, 2, \cdots, n$），对每一行数据进行日辐照度数据拟合，得到拟合数据集 P_{ij}。

（2）对拟合数据集 P_{ij} 中的每一列数据分别进行逐时刻曲线拟合，得到拟合数据集 Q_{ij}。

（3）计算偏差为

$$e = \frac{\sum_{i=1}^{m}\sum_{j=1}^{n}(P_{ij}-Q_{ij})^2}{\sum_{i=1}^{m}\sum_{j=1}^{n}P_{ij}^2} \tag{5-18}$$

若 e 小于给定阈值，则停止迭代，否则，重复进行步骤（1）和步骤（2），直到满足收敛条件为止。

（4）迭代结束，形成最终的晴空模型。

利用上述方法，以某光伏电站为例，连续 1 年、每 15min 的晴空模型下的辐照度如图 5-12 所示，连续 3 日和单日的晴空模型下计算得到的辐照度和辐照度监测值分别如图 5-13 和图 5-14 所示。

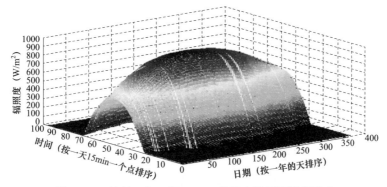

图 5-12　连续 1 年、每 15min 的晴空模型下的辐照度

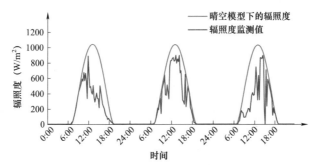

图 5-13　连续 3 日晴空模型下的辐照度和监测值对比图

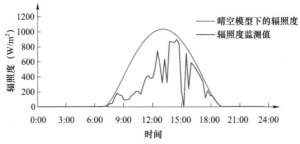

图 5-14　单日晴空模型下的辐照度和监测值对比图

5.3.2 基于晴空模型的光伏发电功率修正

利用晴空模型可得到晴天、不考虑云层遮挡条件下地面可接收到的辐照度理论最大值，以此作为输入，基于光伏电站的光—电转换模型，即可得到光伏电站在特定时刻的功率上限。

以预测日的光伏电站功率上限作为参考，在光伏发电超短期功率预测中，用预测时刻及之前若干时刻的光伏电站实际功率来修正未来 4h 的功率上限作为光伏发电超短期功率预测结果，计算过程为

$$K = k_n \times \frac{P_{R_n}}{P_{T_n}} \quad n = T, T-1, \cdots, T-m \qquad （5-19）$$

$$P_{E_n} = K \times P_{T_n} \quad n = T+1, T+2, \cdots, T+16 \qquad （5-20）$$

式中　　P_{T_n}——晴空辐照度下的光伏电站功率；

　　　　P_{R_n}——光伏电站的实际功率；

　　　　P_{E_n}——光伏电站超短期预测功率；

　　　　k_n——加权系数；

　　　　T——执行预测时刻。

5.4 应 用 实 例

针对光伏电站的实际情况，可选取时间序列、机器学习和晴空模型方法建立光伏发电超短期功率预测模型。上述三种方法的适用性不同，时间序列方法不需要大量的历史数据，建模相对简单；机器学习方法需要大量的历史数据支撑，建模复杂，但一般来说预测效果最佳；晴空模型的建立需要历史数据，故基于晴空模型方法建立光伏发电超短期功率预测模型同样需要历史数据支撑，但建模过程相对简单。

为直观给出三种方法的预测效果，选取东北某地区 5 个运行数据完备的光伏电站进行测算，5 个光伏电站的装机容量见表 5-2。采用 2019 年 1 月 1 日～2 月 28 日的运行数据作为测试样本，分别基于时间序列、机器学习和晴空模型三种方法建立光伏发电超短期功率预测模型，第四小时（去

掉凌晨和夜间光伏电站输出功率为 0 的时段）的预测效果见表 5－3～表 5－5，预测效果曲线如图 5－15 和图 5－16 所示。

表 5－2　　　　　　　　东北地区 5 个光伏电站的装机容量

光伏电站名称	装机容量（MW）	光伏电站名称	装机容量（MW）
光伏电站 1	10	光伏电站 4	30
光伏电站 2	10	光伏电站 5	10
光伏电站 3	20		

表 5－3　　　　　　　　基于时间序列方法的预测效果

光伏电站名称	平均绝对误差（%）	均方根误差（%）	相关性系数	误差小于 20%装机容量所占的比例（%）
光伏电站 1	10.18	13.41	0.89	85.24
光伏电站 2	11.20	14.61	0.89	82.03
光伏电站 3	10.87	14.87	0.84	83.39
光伏电站 4	9.53	13.64	0.90	85.91
光伏电站 5	8.77	12.87	0.88	88.59

表 5－4　　　　　　　　基于机器学习方法的预测效果

光伏电站名称	平均绝对误差（%）	均方根误差（%）	相关性系数	误差小于 20%装机容量所占的比例（%）
光伏电站 1	8.72	12.85	0.88	89.05
光伏电站 2	9.03	13.04	0.90	87.71
光伏电站 3	8.24	12.33	0.90	90.13
光伏电站 4	8.71	12.51	0.85	88.81
光伏电站 5	9.23	12.71	0.89	88.30

表 5－5　　　　　　　　基于晴空模型方法的预测效果

光伏电站名称	平均绝对误差（%）	均方根误差（%）	相关性系数	误差小于 20%装机容量所占的比例（%）
光伏电站 1	9.22	12.98	0.88	88.18
光伏电站 2	11.03	14.56	0.90	86.67

续表

光伏电站名称	平均绝对误差（%）	均方根误差（%）	相关性系数	误差小于20%装机容量所占的比例（%）
光伏电站3	9.34	13.43	0.87	85.13
光伏电站4	9.35	13.20	0.84	88.08
光伏电站5	10.22	13.96	0.85	85.58

从测试样本整体来看，机器学习模型预测效果最好，时间序列和晴空模型各有优劣。以典型日分析，以光伏电站2为例，在输出功率平缓的情况下，三种方法的预测均可达到较好的效果。但在输出功率波动剧烈的情况下，三种方法在第四小时虽然在一定程度上可预测到功率波动，但均无法准确捕捉。

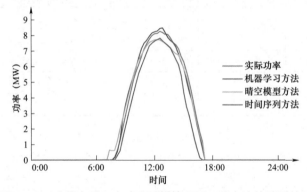

图5-15　光伏电站2在功率平缓情况下三种方法的预测效果

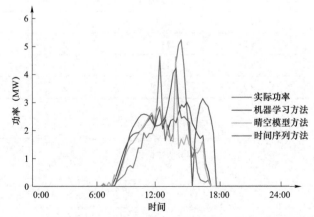

图5-16　光伏电站2在功率波动剧烈情况下三种方法的预测效果

第 6 章

光伏发电分钟级功率预测技术

光伏电站受云层遮挡时，其输出功率在短时间内会发生剧烈波动，开展光伏发电分钟级功率预测是应对光伏发电短时剧烈波动的有效方式之一。光伏发电分钟级功率预测一般指预测未来 2h 的光伏发电输出功率，时间分辨率不低于 5min。

在分钟级预测尺度，国内外学者已开展了大量的研究。从近期的研究成果来看，目前主要的技术思路是根据云图信息预测云团的移动轨迹，在此基础上预测光伏电站输出功率的波动。一般认为，在高空大气运动的驱动下，云团将发生复杂的非线性演化，时间间隔越长，大气运动越剧烈，云团的形态变化也越显著。由于云团形变存在一定惯性，需要累计一定的时间才能显现出来。对于时间间隔不超过 5min 的两幅天空图像，除极少数异常剧烈天气条件外，大气运动尚不能对云团的形状造成明显影响，在这种情况下，可假设天空图像中云团的形状和分布不变，仅发生空间位置变化。此外，由于云团的生消涉及复杂的物理过程，在目前的技术水平下很难完全准确描述，因此，对于分钟级时间尺度的光伏发电功率预测来说，一般认为相邻天空图像中云团形状基本保持不变，可在该假设条件下采用线性外推原理计算云团运动速度及预测云团分布。

基于以上分析，光伏发电分钟级功率预测的技术路线为：以云观测图像序列为对象，基于分钟级时间尺度下云团形状与运动速度基本保持不变的假设，通过对图像中云团特征的识别与匹配，计算云团位移矢量场及运动速度；然后根据计算得到的云团运动速度，在当前图像基础上进行线性外推，预测得到未来某时刻天空中的云团分布；再根据"云团分布—光伏电站的云团遮挡—光伏发电功率"的映射关系，计算得到对应光伏发电功率的预测值。

6.1 云团运动的预测方法

云的移动和生消导致对太阳遮挡程度的变化是光伏电站功率波动的根本原因，为实现光伏发电功率波动的预测，需要借助云观测手段和图像处理技术，对云团的运动进行预测。

6.1.1 云团观测的主要手段

面向光伏发电分钟级功率预测，最常用的云团观测手段是静止卫星和全天空成像仪。

静止卫星与地球自转同步运行，相对地球静止，在地球赤道上空约35 800km，可观测地球表面约 1/3 的固定区域。早期的气象卫星观测时空分辨率较低，如风云二号气象卫星的时间分辨率为 30min。随着技术的进步，新一代气象卫星的数据观测分辨率显著提高，风云四号气象卫星观测的时间分辨率可达到15min。

全天空成像仪由成像设备、太阳跟踪装置、环境保护系统三部分组成。成像设备定时拍摄获取全天空可见光图像；太阳跟踪装置通过计算和跟踪太阳位置，遮挡太阳直射的入射光，避免较强的太阳直射光破坏成像设备的感光元件；环境保护系统是根据外部环境而设计的温控系统和防雨雪装置，用来保护仪器使其正常工作。全天空成像仪可实现由地面自下而上拍摄所在天空区域的云图，目前已实现全自动、全色彩成像，可实时处理和显示白天的天空状态。以 TSI-880 为例，TSI-880 全天空成像仪的技术参数见表 6-1。

表 6-1　　　　　TSI-880 全天空成像仪主要技术参数

解析度	352×286 色彩，24bit，JPEG 格式
采样速度	可调，最快 30s
工作温度	−40～44℃

数据通信	以太网（TCP/IP），电话调制解调器（PPP）或者可选的数据存储模型（用于无线网络地区）
软件	即时数据显示无需软件，如采用网络浏览，可选用 DVE/YESDAQ 软件包，用于数据存储、显示，动画模拟和数据再处理
供电	115/230V AC；镜面加热器功率根据气温而变化，560W（加热运行时）或 60W（加热停止时）
尺寸	53.0cm（L）×47.8cm（W）×86.9cm（H）
质量	32kg

静止卫星和全天空成像仪各自的特点决定二者的适用范围不同，全天空成像仪通常可拍摄所在位置为圆心半径 5～10km 范围的天空图像，适用于单光伏电站的分钟级功率预测；而静止卫星的拍摄范围较大，适用于光伏电站集群的分钟级功率预测。本章主要侧重光伏电站集群的分钟级功率预测，故介绍基于卫星云图的预测方法。

6.1.2　云图预处理

6.1.2.1　卫星云图的分类

光伏发电分钟级功率预测可利用的卫星云图主要有可见光卫星云图和红外卫星云图两类。

（1）可见光卫星云图。可见光卫星云图是气象卫星上的扫描辐射计（早期用的是电视摄像机）用可见光通道感测并向地面站发送的卫星云图，利用云顶反射太阳光的原理制成，云图的灰度特征可显示云层覆盖的位置和厚度，比较厚的云层反射能力强，在可见光卫星云图上呈现亮白色，云层较薄的区域则呈现暗灰色。可见光卫星云图在研究云团、云系的移动和发展，以及监测台风和其他天气系统的发生、发展方面，均得到广泛应用。由于云图是利用可见光波段（波长 0.55～0.75μm）感测的，其亮度和色调取决于云的性质和太阳高度角，且夜间无法正常拍摄，因此具有一定的应用局限性。

（2）红外卫星云图。红外卫星云图是利用红外感应器（波长 10.5～12.5μm）测量来自云层顶面、陆地表面和水面所发射的红外辐射总量，这个总量反映出被测物体表面的冷热情况，并用图像表示出来，即为红外卫星云图，每日所有时刻均可生成。卫星接收到的辐射量仅与温度有关，物体的温度越高，卫星接收到的辐射量就越大；温度越低，辐射量越小。在红外卫星云图中，辐射量越小，颜色越白。一般来说，云的高度越高，其云顶温度越低，因此，红外卫星可在一定程度上反映云的高度信息，温度低的云层会以亮白色来显示，也就是此处的云层较高，而暗灰色的部分则代表云层高度较低。红外感应器可昼夜感测并向地面站发送云图，且包含了反映云层高度的信息，因此能够提供可见光卫星云图无法提供的信息。一般来说，红外卫星云图的分辨率低于可见光卫星云图。

国际卫星云气候计划根据云顶气压对云进行分类，把云分成低云、中云和高云三大族。其中，低云的云顶气压大于680hPa，高度在2km以下；中云的云顶气压为440～680hPa，高度为2～6km；高云的云顶气压小于440hPa，高度大于6km。为进一步细化，根据云的光学厚度又把三大族的云细分。其中，低云族分成层积云、层云、雨层云、碎雨云、积云和积雨云等；中云族分为高积云和高层云；高云族分成卷云、卷积云和卷层云。简要介绍常见的各种云的特征如下：

（1）卷云。高云族中的代表，由冰晶组成，具有高度高、温度低、反照率低及对可见光具有透明性等特征，在红外卫星云图上表现为白色，容易与中、低云区分。在可见光卫星云图上色调变化范围较大，由深灰到浅白，其颜色取决于卷云的厚度。按照卷云的形状，卷云还可以进一步分为毛卷云、密卷云、钩卷云等。

（2）高层云。中云族的典型，在卫星云图中通常表现为一大片云区。在可见光卫星云图上，其色调从灰到白色不等，云区内常有斑点和暗影，色调最白的地方，常与降水相联系。在红外卫星云图上，表现为中等程度的灰色。

（3）积雨云。通常呈现团状结构，一般称为云团。在卫星云图中，其色调白、范围大、纹理均匀。

（4）积云。在卫星云图上常表现为线状、开口细胞状等结构形式，纹理不均匀、多褶皱和多起伏。在可见光卫星云图中呈白色，在红外卫星云图上，由于云顶温度的差异，其色调可呈灰色到白色。

6.1.2.2　图像增强处理

受卫星观测分辨率的限制，部分卫星云图清晰度较差，难以实现对卫星云图中云成像的有效识别。因此，在进行云识别之前，有必要对云图进行图像增强处理。

图像增强处理是对图像的整体或局部特性，如对边缘、对比度、轮廓等进行处理，扩大图像中不同物体特征之间的差别。在云成像识别过程中，云图像增强需要突出图像中的云层，削弱或除去图片中的背景干扰，增强云覆盖区域和周围背景的反差，提高云覆盖区域的清晰度。

6.1.2.2.1　对比度增强

直方图修正是灰度级变换最常用的一种方法。由于对比度不高的图像灰度分布集中在较窄的区间，造成图像细节不够清晰，采用直方图修正后可使图像的灰度间距拉开或使灰度分布均匀，从而增大反差，使图像细节清晰，达到对比度增强的目的。常用的方式如下：

1. 线性灰度变换

将图像 $f(x, y)$ 的灰度范围从 $[a, b]$ 扩展为 $[c, d]$

$$g(x,y) = \frac{d-c}{b-a}[f(x,y)-a]+c \qquad (6-1)$$

灰度范围的线性变换如图 6-1 所示。

若 $c=0$，$d=255$，式（6-1）可简化为

$$g(x,y) = \frac{255}{b-a}[f(x,y)-a]$$

若图像灰度在 $0 \sim M$ 范围内，$[a, b]$ 区间包含了图像大部分像素的灰度级，而超出此区间的只有很小一部分，此时可通过式（6-2）来改善增强效果，改善的线性灰度变换如图 6-2 所示。

$$g(x,y) = \begin{cases} \dfrac{d-c}{b-a} \times c + c & 0 \leqslant f(x,y) \leqslant a \\[2mm] \dfrac{d-c}{b-a} \times [f(x,y)-a]+c & a < f(x,y) \leqslant b \\[2mm] \dfrac{d-c}{b-a} \times d + c & b < f(x,y) \leqslant M \end{cases} \qquad (6-2)$$

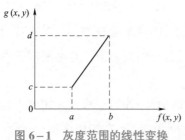

图 6-1　灰度范围的线性变换

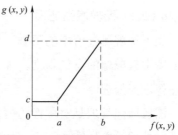

图 6-2　改善的线性灰度变换

这种变换扩展了 $[a, b]$ 区间灰度级，而将其余两个范围的灰度级分别压缩为 c 和 d 两个灰度级，如此造成这两部分信息的损失，但在实际应用中，只要 $[a, b]$ 区间的选择合理即可接受这种损失。

2. 分段线性灰度变换

分段线性灰度变换以牺牲部分灰度级上的细节信息为代价，根据需要通过压缩不感兴趣区域的细节灰度级来抑制这部分信息，拉伸感兴趣的细节灰度级突出这部分灰度区间来实现对比度增强。常用的三段线性变换公式为

$$g(x,y)=\begin{cases} \dfrac{c}{a}f(x,y) & 0 \leqslant f(x,y) \leqslant a \\[2mm] \dfrac{d-c}{b-a}[f(x,y)-a]+c & a < f(x,y) \leqslant b \\[2mm] \dfrac{f-d}{e-b}[f(x,y)-b]+d & b < f(x,y) \leqslant e \end{cases} \qquad (6-3)$$

分段线性灰度变换如图 6-3 所示。

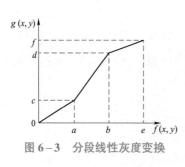

图 6-3　分段线性灰度变换

图 6-3 中压缩的两段灰度区间为 $[0, a]$ 和 $[b, e]$，将灰度区间 $[a, b]$ 线性拉伸到范围 $[c, d]$。通过改变各段直线的斜率，可以实现对图像任意一个灰度区间的拉伸和压缩。利用灰度线性或分段线性变换可以拉伸图像的动态范围，加强目标图像细节，从而改善视觉效果。

下面将上述两种图像增强算法用于卫星云图，测试其应用效果。采用不同对比度增强方式处理的云图效果如图 6-4 所示，图 6-4（a）为原始

云图，较为模糊，图6-4（b）和图6-4（c）分别为采用线性灰度变换和分段线性灰度变换得到的图像。可见，线性变换可显著提升图像的对比度，图形轮廓极为清晰，但图像存在不同程度的失真；分段线性灰度变换提高了背景图形与云图的对比度，云层轮廓更为明显，并且尽可能地保留了云团内部、地面等的细节特征信息。

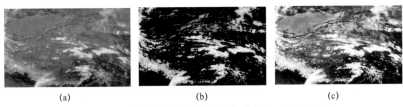

(a)　　　　　　　　(b)　　　　　　　　(c)

图6-4　采用不同对比度增强方式处理的云图效果

（a）原始云图；（b）线性灰度变换后的云图；（c）分段线性灰度变换后的云图

6.1.2.2.2　图像锐化

图像模糊一般是由于平均或积分运算所致，因此对其进行逆运算，如微分运算、梯度运算可以使图像清晰。从频谱角度分析，图像模糊的实质是图像中高频分量被衰减，因此可以用高频加重来增强图像的清晰度。若图像中存在噪声，直接锐化将导致噪声受到比信号还强的增强，一般先去除或减弱噪声后再进行锐化。

微分运算是通过计算信号的变化率，加强高频分量的作用，从而使图像轮廓变清晰的方法，一般采用梯度法，具体如下。

定义图像 $f(x, y)$ 中点 (x, y) 处的梯度为

$$grad(x, y) = \begin{bmatrix} f'_x \\ f'_y \end{bmatrix} = \begin{bmatrix} \dfrac{\partial f(x,y)}{\partial x} \\ \dfrac{\partial f(x,y)}{\partial y} \end{bmatrix} \tag{6-4}$$

梯度是一个是矢量，其大小和方向分别为

$$\begin{cases} |grad(x,y)| = \sqrt{f'^2_x + f'^2_y} = \sqrt{\left[\dfrac{\partial f(x,y)}{\partial x}\right]^2 + \left[\dfrac{\partial f(x,y)}{\partial y}\right]^2} \\ \theta = \arctan\dfrac{f'_y}{f'_x} = \arctan\dfrac{\dfrac{\partial f(x,y)}{\partial y}}{\dfrac{\partial f(x,y)}{\partial x}} \end{cases} \tag{6-5}$$

通过式（6-5）确定 $f(x, y)$ 在点 (x, y) 处灰度变化率最大的方向为梯度方向。离散图像用梯度值的大小表示梯度方向，即一阶偏导数，可采用一阶差分近似表示，即

$$\begin{cases} f'_y = f(x, y+1) - f(x, y) \\ f'_x = f(x+1, y) - f(x, y) \end{cases} \quad (6-6)$$

式（6-6）可简化为

$$|\boldsymbol{grad}(\boldsymbol{x}, \boldsymbol{y})| = \max\left(|f'_x|, |f'_y|\right) \quad (6-7)$$

或

$$|\boldsymbol{grad}(\boldsymbol{x}, \boldsymbol{y})| = |f'_x| + |f'_y| \quad (6-8)$$

以上方法称之为水平垂直差分法，较大的梯度值代表图像的突出边缘区，较小的梯度值代表图像平滑区，梯度值为 0 表示该区域灰度值是常数。

6.1.3 云团识别

为了实现对云团的预测，首先需要对卫星云图进行预处理，去除图像的噪声，然后利用图像识别技术把云团所在区域从卫星云图中分割出来，最后利用相关方法对分割出来的云团做进一步处理。一般来说，阈值分割法适用于云团的识别，计算量小、准确度高。

在一幅卫星云图图像中，不可避免存在一些噪声点和干扰信息，这些噪声点和干扰信息会影响到云层识别效果，需要对卫星云图进行去噪。处理方式可采用线性空间滤波的方式。线性空间滤波的基本原理是对目标像素点的邻域做整体处理,对目标像素点邻域内的每个像素乘以系数后求和,并替代目标像素点的原始值，具体如下

$$g(x, y) = w(x, y) f(x, y) = \sum_{s=-k}^{k} \sum_{t=-k}^{k} w(s, t) f(x+s, y+t) \quad (6-9)$$

式中　$g(x, y)$ ——经过空间滤波的输出图像；

　　　$w(x, y)$ ——滤波函数；

$f(x, y)$——原始图像；

k——滤波器尺度，该值决定邻域的大小。

滤波函数的公式为

$$w(x, y) = \begin{bmatrix} \dfrac{1}{2k+1} & \cdots & \dfrac{1}{2k+1} \\ \vdots & \ddots & \vdots \\ \dfrac{1}{2k+1} & \cdots & \dfrac{1}{2k+1} \end{bmatrix} \quad\quad (6-10)$$

滤波器尺度分别为1、2、3时，对比原始云图对应的滤波效果如图6-5所示。可见，随着滤波器尺度的增大，图像边缘会被平滑得越模糊，容易失真。

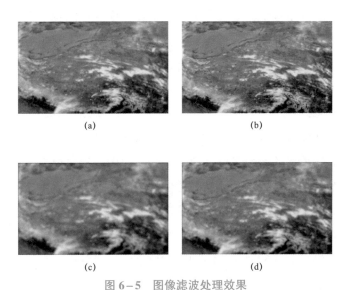

图6-5 图像滤波处理效果

（a）原始云图；（b）$k=1$的滤波效果；（c）$k=2$的滤波效果；（d）$k=3$的滤波效果

通过设定灰度值阈值，剔除区域平滑处理后保留的云。首先，通过大量实验，确定图像灰度值阈值，设为T，将云图中阈值小于T的区域的灰度设为0，阈值大于等于T的区域灰度保持不变。如图6-6所示，云图中亮度高的云被识别。

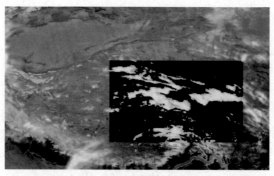

图 6-6　云图识别的效果

6.1.4　云团运动矢量计算

由于云的发展变化非常复杂，制约和控制云发展演变的云物理因子和大气环流因子众多，且彼此间关系复杂，故云团预测的难度极大，至今大气科学研究中尚难以给出能够客观准确描述云团变化的数学方程和物理模型。本节在假设相邻两幅云图中，云团形态保持基本不变的前提下，采用图像匹配方法进行云团的匹配，进而实现对云团运动矢量的计算。

6.1.4.1　云团特征匹配原理

1. 总体思路

云团运动矢量是客观描述云团运动的有效方式，其计算方法为：假设气象卫星连续拍摄的两幅云图，第一幅为参考图，第二幅为实时图，二者存在固定的时间间隔。为预测实时图的未来状况，将参考图分割为若干大小相同的像素子集，并记录各像素子集在参考图中的位置；选取一定的匹配标准，并按照该标准在实时图中搜索与各像素子集对应的匹配块，记录各像素子集对应的匹配块在实时图中的位置，计算并记录它们之间的位置偏差，即为云团运动矢量。

云团运动矢量是一个二维矢量，记录匹配云团从参考图中的某位置到实时图对应位置的运动方向和速度。计算并获取所有匹配云团的运动矢量后，就可以利用它提供的移动信息来进行云团运动预测。

如图 6-7 所示，参考图中的两个像素子集 A 和 B 分别在实时图中找到了各自相应的匹配块 A'和 B'，根据位移偏差，计算出各自的运动矢量，然后利用计算所得运动矢量推移出实时图中相对应的像素子集在预测图中的位置 A"和 B"。采用相同的方法，对所有像素子集都进行同样的计算，即可得到一幅完整预测图。

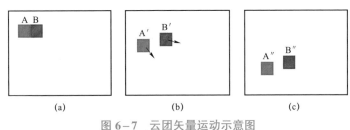

图 6-7 云团矢量运动示意图

（a）参考云图的位置；（b）实时云图的位置；（c）预测云图的位置

2. 像素子集与云图搜索范围的选取

在将参考图分解为大小相等像素子集的过程中，像素子集大小的选择至关重要。若像素子集过小，不但会增加额外的计算量，在云图匹配过程中还可能会产生虚假的高相关位移矢量；若像素子集过大，则子集中包含多种云（或晴空与云的混合）的概率加大，计算出的位移矢量无法准确反映云团移动的真实情况。因此，需要根据具体的应用场景，通过对历史数据的试验和分析，确定合适的像素子集大小。

对未来时刻卫星云图搜索范围大小的选取也是一个十分关键的问题。区域太小，会影响匹配精度；区域太大，会影响搜索和匹配速度。需要针对具体应用，选取合适的像素邻域作为搜索范围，既要保证搜索的准确性和可用性，又要提高搜索速度和匹配效率。

6.1.4.2 云团运动矢量计算方法

选取连续时刻的两幅卫星云图，前一时刻的云图为参考图，后一时刻的云图为实时图，将参考图分割为若干像素子集，记录每个像素子集在参考图中的位置，利用图像匹配方法，确定各像素子集在实时图中的位置，进而计算出云团运动矢量。

图像匹配是在图像中寻找特征相似的目标物，是图像分析中较为常用的处理方法，通常有两种常用的匹配方式，即全图匹配和特征匹配。全图匹配是把目标图像的每一个像素与参考图像的每一个像素都做相关匹配分析，以查找参考图像中是否包含目标；特征匹配仅仅对目标图像的某些特征，如幅度、直方图、频率系数及点线几何特征等进行匹配和相关运算。图像匹配是云图预测中关键的一步，匹配的精确程度直接关系到云团移动矢量的计算，进而影响云团的预测效果。

采用区域灰度交叉相关法对两幅具有一定时差的卫星云图进行分析。首先在前一时刻卫星云图中选定某一区域内定义的一个像素子集 S，接着在后一时刻卫星云图相应子集的扩大区域内计算逐个像素子集 S 的交叉相关系数，从中找出与像素子集 S 具有最大交叉相关系数的像素子集 T，并将像素子集 S 中心与像素子集 T 中心之间的位置变化看作像素子集 S 的移动。计算公式如下：

设 t_1、t_2 两个时刻云团的灰度距平函数分别为 $f(x,y,t_1)$ 和 $f(x,y,t_2)$，则它们之间的交叉相关系数为

$$r(a,b)=\frac{\iint f(x,y,t_1)f(x+a,y+b,t_2)\mathrm{d}x\mathrm{d}y}{\left\{\left[\left(\iint f^2(x,y,t_1)\,\mathrm{d}x\mathrm{d}y\right)\left(\iint f^2(x+a,y+b,t_2)\,\mathrm{d}x\mathrm{d}y\right)\right]^2\right\}^{1/2}} \quad (6-11)$$

在实际的图像匹配中，由于图像由离散的像素点组成，故需要将式（6-11）离散到像素点上，即

$$r(a,b)=\frac{\sum_i\sum_j[g(i,j,t_1)-\overline{g(t_1)}][g(i+a,j+b,t_2)-\overline{g(t_2)}]}{\left\{\sum_i\sum_j[g(i,j,t_1)-\overline{g(t_1)}]^2\sum_i\sum_j[g(i+a,j+b,t_2)-\overline{g(t_2)}]^2\right\}^{1/2}}$$
$$(6-12)$$

式中　$g(i,j,t_1)$ ——云图区域内像素点 (i,j) 在 t_1 时刻的灰度值；

$\overline{g(t_1)}$ ——前一时刻云图区域内像素子集 (i,j) 的平均灰度值；

$\overline{g(t_2)}$ ——后一时刻云图区域内像素子集 $(i+a,j+b)$ 的平均灰度值；

a、b ——后一时刻像素子集中心距前一时刻像素子集中心在 $(\overline{i},\overline{j})$ 方向上的位移矢量。

通过 a、b 的变化，分别求出后一子集与前一子集的相关系数，挑选最

大相关系数用以确定位移矢量。

6.1.4.3　矢量质量控制

通过灰度交叉相关方法计算得到的云团位移矢量，尚不能直接用于云团运动预测，还必须进行质量控制。这主要是基于以下考虑：

（1）像素子集大小选择不合理，通过计算得到的位移矢量的准确性和代表性有所欠缺，可能存在具有高相关性但未反映像素子集真实的移动情况。

（2）就一幅云图而言，图像中的云可能是不同层高云系叠加的效果，在这种情况下，不同高度上云团的移动速度是不相同的，这就需要对云团的移动矢量进行订正处理，以得到合理的云团移动矢量。

（3）若像素子集对应的是晴空区，即使该区域范围很大，但得到的位移矢量是零。若直接将零矢量用于云团的轨迹预报，晴空区中将不会有云出现。

6.1.4.4　结果分析

图6-8为根据某日10:00和10:30连续两个时刻的区域红外卫星云图，采用交叉相关法匹配计算得到的云团运动矢量图和局部放大图。通过局部放大图可以看出，部分像素点的运动矢量出现随机矢量，直接利用该矢量无法有效地进行后续的运动轨迹预测。图6-9为经过质量控制获取的运动矢量图和局部放大图，经过矢量控制处理后，云团运动矢量能够更好地描述和表现云团移动的实际情况。

 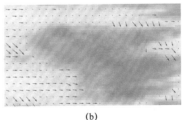
(a)　　　　　　　　　　　　　(b)

图6-8　交叉相关法计算得到的云团运动矢量图
（a）云团运动矢量；（b）云团运动矢量局部放大

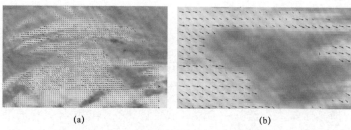

(a)　　　　　　　　　　　　　(b)

图6-9　交叉相关法计算得到的云团运动矢量图（经过质量控制）
（a）云团运动矢量；（b）云团运动矢量局部放大

6.1.5　基于卫星云图的云层运动预测

通过优选的特征匹配方法和质量控制手段获取云团的运动矢量，然后采用线性外推方法对云团的后向轨迹进行预报，并通过特定的改善手段可实现对云层运动的预测。

6.1.5.1　后向轨迹预报法

后向轨迹预报法是在假定云团运动具有保守性和连续性的基础上，以前一时刻云团的运动状态线性外推下一时刻云团的运动状态。预测下一时刻的云图状况，可基于最近时刻的云图和经质量控制处理后的云团位移矢量，利用后向轨迹预报法进行外推。

面向光伏集群的分钟级功率预测，需要分析的对象是有限区域内的云团。在云图边界处，会有云团的移进、移出，在预测过程中，往往会因为边界问题导致边界处的云图预测效果不理想，因此需要对预测边界区域进行特殊处理。一般需要根据云团运动速度适当扩大预测区域范围，将可能进入预测区内的周边区域包含在计算区之内，以此解决或改进云图预测的边界问题。

6.1.5.2　马赛克效应及其改善

后向轨迹预报法在实际应用中可能会产生马赛克效应，即在预测云图中，由于各像素子集的移动矢量差异，随时间推移的位移程度不同，从而导致各子图像之间可能出现灰度突变，使预测云图出现灰度跳跃、模糊或不连续的区域，严重影响云图的预测精度和视觉效果。为消除预测云图中可能存在的马赛克效应，需要滤除预测云图中的突变点，进而得到一幅连续的云图。

平均模板法是最常用的解决方法，基本思路是挑选出预测云图中灰度值存在明显突变的像素点，用其周围像素点的灰度平均值代替该点的灰度值。设灰度值突变像素点（u，v）处经平均后的灰度值为 G_a，则有

$$G_a(u,v) = \frac{1}{4IJ}\sum_{i=-I}^{I}\sum_{j=-J}^{J}G(u-i,v-j) \tag{6-13}$$

式中　I、J——模板宽、高，其取值可根据实际情况调整；

$\qquad G$——未经处理的灰度值。

经平均模板处理后，邻近像素点之间一般不会再出现大的灰度跳跃，从而达到平滑像素灰度和消除马赛克效应的目的。

6.1.5.3　云团运动预测实例

以 6.1.4 选取的连续两个时刻红外卫星云图为例，根据计算获取的云图运动矢量来进行未来 2h 的云图预测实验，记 10:30 对应的时刻为 t 时刻，11:00、11:30、12:00 对应的时刻分别为 $t+1$、$t+2$、$t+3$ 时刻。

图 6-10 中分别为未经滤波处理的 $t+1$、$t+2$、$t+3$ 时刻对应的预测云图与实况云图的对比。可见，预测云图和实况云图的整体结构和绝大部分细节相符合，预测结果基本正确，表明这种预测方法的短时预测效果是可行的。通过比较连续 3 个时刻的预测云图和实况云图可知，随着预测时间的增加，预测云图和实际云图之间的细节误差也呈现出逐渐增多的趋势。同时，由于云团在移动过程中各像素点的方向和大小不尽相同，导致像素

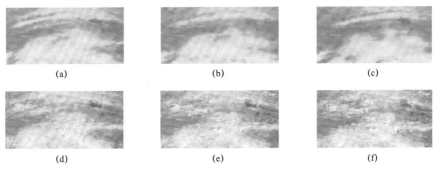

图 6-10　未经滤波的原始预测云图

（a）$t+1$ 时刻实况云图；（b）$t+2$ 时刻实况云图；（c）$t+3$ 时刻实况云图；
（d）$t+1$ 时刻预测云图；（e）$t+2$ 时刻预测云图；（f）$t+3$ 时刻预测云图

子集边界间的灰度出现突变，从而在预测云图中呈现一定量的马赛克。

图 6-11 为经过滤波处理后得到的云图，可见，经过滤波处理后，马赛克效应得到有效缓解，预测云图与实况云图的一致性更高。

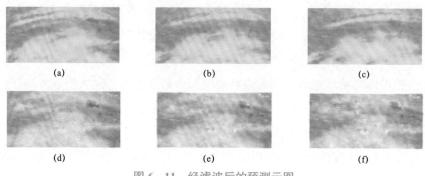

图 6-11　经滤波后的预测云图

（a）$t+1$ 时刻实况云图；（b）$t+2$ 时刻实况云图；（c）$t+3$ 时刻实况云图；
（d）$t+1$ 时刻预测云图；（e）$t+2$ 时刻预测云图；（f）$t+3$ 时刻预测云图

应当指出，云团在移动过程中往往伴随着强弱、生消和变形等复杂形态的变化，基于后向轨迹预报法实现的云图预测，可在一定程度上捕捉云层的变形效应，但对云层的生消仍难以有效地描述和预测，故预报误差会随预报时效的增长而增加。

6.2　光伏电站云层遮挡模型

云层遮挡将引起地面接收到的太阳辐照度发生变化，进而影响光伏电站的输出功率，但对于具体的光伏电站来说，不同的云层遮挡引起地面辐照度的变化程度不同，需要根据太阳位置、云层位置及光伏电站位置的相对关系，预测云层遮挡对光伏电站的影响范围；云的类型及厚度由卫星云图中的纹理特征和灰度体现，可据此确定云层对辐照度的衰减程度。因此有必要构建光伏电站位置、云团位置、太阳位置的空间坐标模型，在此基础上建立基于卫星云图的辐照衰减模型。

6.2.1　卫星云图的灰度校正

6.2.1.1　卫星云图成像退化

受成像系统的模糊效应（光学相差、曝光时段相机运动等）、传感器的非线性强度响应、大气干扰（散射、衰减等）、地面照明变化（地面坡度和取向不同）、地面辐射率随观测角度的变化、传输噪声等因素的影响，卫星云图成像有时会出现不同程度的退化，退化类型有空间退化、点退化、光谱和时间退化三种。

1. 空间退化

成像期间，卫星相对地面的运动会造成图像模糊。假设运动是沿 x 方向的匀速运动，其运动方程为

$$x_t = v_x t \qquad (6-14)$$

式中　v_x——运动速度；

　　　t——时间变量。

在时间间隔 T 内，地面目标点移动的距离为 $x_t = v_t T$，产生的图像退化可以描述为

$$g(x,y) = \int_{-\frac{T}{2}}^{\frac{T}{2}} \delta(x - v_x t) \mathrm{d}t \qquad (6-15)$$

式中　$g(x,y)$——记录的已退化图像；

　　　δ——退化函数。

2. 点退化

目标亮度不均匀地投影到图像平面上，造成图像上具有相同灰度值的点在对应的景物上并不具有相同的亮度值，这种退化称为阴影。当几何畸变和噪声均不存在时，记录图像可表示为

$$g(x,y) = e(x,y)f(x,y) \qquad (6-16)$$

式中　$f(x,y)$——未退化的图像；

　　　$e(x,y)$——阴影。

3. 光谱和时间退化

图像退化还涉及光谱退化和时间退化，即在成像过程中光谱和时间的

变化引起的图像质量变化。在实际中，多方面的因素均可造成图像的退化，并且有些退化尚无法用明确的数学形式表达，只能基于退化的图像进行推断。退化因素复杂且很难用统一的退化因子描述，但可以对各退化因素分别校正。对退化关系明确的因素，可采用相关的校正运算进行处理。

6.2.1.2 灰度校正方法

卫星云图灰度校正的目的是减少退化因素，对图像数据分析产生影响的因素包括照明、大气条件、观察角度、表面反射率等。基本要求是从退化图像中去掉退化因素带来的误差，同时对原始图像信号的变动尽可能小。

1. 照明校正

卫星云图的图像质量主要与光照条件有关，通常在上午太阳高度角为 $25°\sim30°$ 时得到的图像最理想，而一年之内全国各地的光照条件是变化的，不同时间、不同位置的太阳高度角都会不断变化。照明校正通过调整一幅图像内的平均亮度来实现。由已知的成像季节和地理位置确定相应的太阳高度角，计算校正常数与每个像素值的乘积，得到校正后的结果。太阳以高度角 α 斜射的图像辐射值 $g(x,y)$ 与直射时的标准辐射值 $\hat{f}_s(x,y)$ 的关系为

$$g(x,y) = \hat{f}_s(x,y)\sin\alpha \qquad (6-17)$$

因此

$$\hat{f}_s(x,y) = \frac{1}{\sin\alpha}g(x,y) = K_s g(x,y) \qquad (6-18)$$

式中　K_s——与太阳高度角有关的常数，若不考虑大气发光的影响，对平坦地面可采用同一常数 K_s。

2. 大气校正

大气对电磁波辐射的吸收和散射会影响遥感图像质量，其中散射的影响更大。大气对电磁波的散射作用主要表现在短波段上，对图像会产生以下三种主要影响：

（1）与云层反射一起形成天空光。

（2）损失部分短波段的地面有效信息。

（3）产生邻近像元之间辐射性质的相互干扰。

天空光是由于大气散射和云层反射形成的充满空间的散射光，它未达地面直接进入传感器成像，故不包含任何地面信息，在图像上会附加一个均匀亮度，从而降低景物反差；短波段信息的损失是因为缺乏同步的气象资料和地面波谱资料；邻近像元的相互干扰是随机变化的，而且与地面景物和大气状况有关，两者难以校正，一般将这项作为一种噪声，采用滤波技术进行处理。

综上所述，受多方面因素的影响，遥感成像时会有不同程度的退化，在基于卫星云图的灰度进行后续分析前，必须对其进行校正。图 6-12 展示了典型的卫星云图 8:00～18:00 的云图表现。图 6-13 为对应的典型卫星云图的直方图，其中 x 轴为像素的灰度，灰度较大的区域对应图像中的云，y 轴为图像中不同灰度出现的频次。可见，不同时刻直方图分布存在较大差异，在不考虑云的情况下，背景图像在早晨时分较为朦胧，直方图表现为灰度像素的分布不均衡，在低灰度区域分布的概率较低。

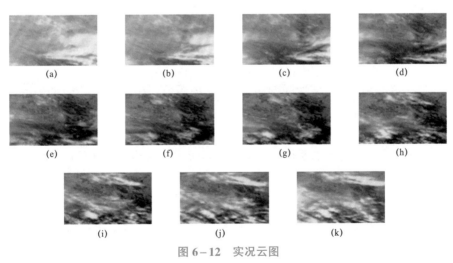

图 6-12 实况云图

（a）8:00 实况云图；（b）9:00 实况云图；（c）10:00 实况云图；（d）11:00 实况云图；
（e）12:00 实况云图；（f）13:00 实况云图；（g）14:00 实况云图；（h）15:00 实况云图；
（i）16:00 实况云图；（j）17:00 实况云图；（k）18:00 实况云图

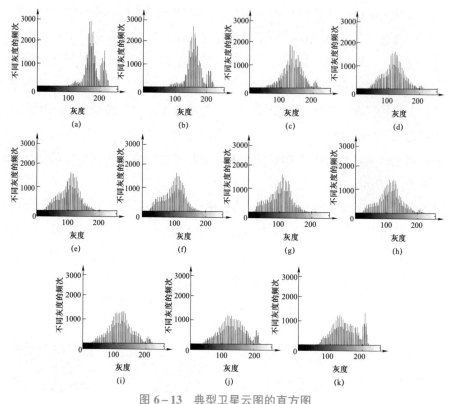

图 6-13　典型卫星云图的直方图

（a）8:00 的直方图；（b）9:00 的直方图；（c）10:00 的直方图；（d）11:00 的直方图；
（e）12:00 的直方图；（f）13:00 的直方图；（g）14:00 的直方图；（h）15:00 的直方图；
（i）16:00 的直方图；（j）17:00 的直方图；（k）18:00 的直方图

　　图 6-14 为考虑照明校正与大气校正等因素后构建的背景云图，图中最后一幅子图为总体背景云图，其余子图为考虑时间因素构造的逐时刻的背景云图。图 6-15 为原始云图消除背景影响前后效果对比。可见，若以总体背景云图作为参考，云图的灰度校正效果有限，特别是 8:00 对应的云图，背景图像无法有效消除；图 6-15（c）、图 6-15（f）、图 6-15（i）为以逐时刻背景云图为基础的背景消除效果，经背景消除后，云图可更为准确地体现云层的分布。图 6-16 为消除背景影响后云图的直方图。

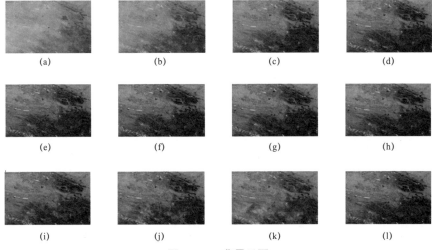

图 6-14　背景云图

（a）8:00 背景云图；（b）9:00 背景云图；（c）10:00 背景云图；（d）11:00 背景云图；
（e）12:00 背景云图；（f）13:00 背景云图；（g）14:00 背景云图；（h）15:00 背景云图；
（i）16:00 背景云图；（j）17:00 背景云图；（k）18:00 背景云图；（l）总体背景云图

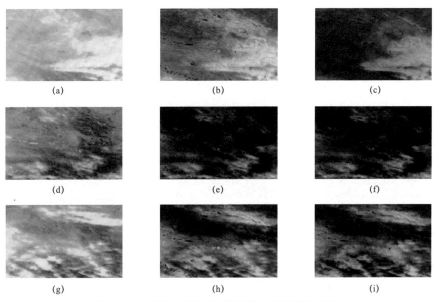

图 6-15　原始云图消除背景影响前后效果对比

（a）8:00 原始云图；（b）8:00 消除总体背景；（c）8:00 消除逐时刻背景；（d）13:00 原始云图；
（e）13:00 消除总体背景；（f）13:00 消除逐时刻背景；（g）18:00 原始云图；
（h）18:00 消除总体背景；（i）18:00 消除逐时刻背景

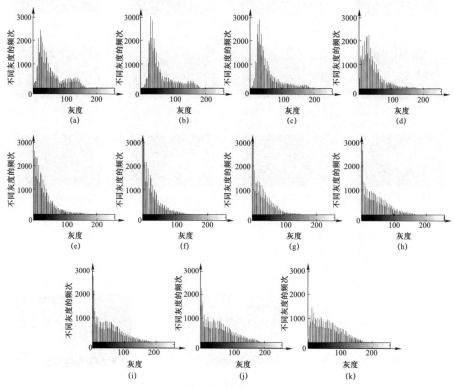

图 6-16 消除背景影响后云图的直方图

（a）8:00 的直方图；（b）9:00 的直方图；（c）10:00 直方图；（d）11:00 的直方图；
（e）12:00 的直方图；（f）13:00 的直方图；（g）14:00 的直方图；（h）15:00 的直方图；
（i）16:00 的直方图；（j）17:00 的直方图；（k）18:00 的直方图

6.2.2 云层遮挡的辐照度衰减模型

太阳位置和云团的相对位置关系与云层是否遮挡光伏电站密切相关，一般用太阳的高度角和方位角来描述太阳位置，太阳的高度角和方位角的基本概念在 4.1 已详细描述，此处不再赘述。

计算青海海西地区一年中逐日的太阳高度角与方位角的变化情况，如图 6-17 和图 6-18 所示。

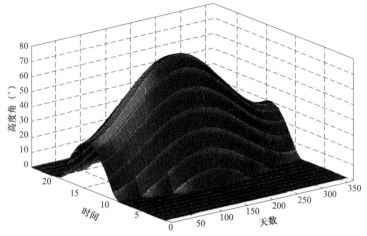

图 6-17 太阳高度角的变化情况

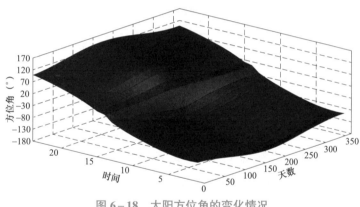

图 6-18 太阳方位角的变化情况

由图 6-17 和图 6-18 可知，夏季高度角最大，冬季高度角较小，对每一天来说，中午时高度角最大，早、晚太阳高度角较小。记太阳高度角为 A，方位角为 B，云层高度为 H，则云层对观测点形成遮挡对应的地面影响距离为

$$R = H\cos A \tag{6-19}$$

地面投影点坐标为

$$\begin{aligned} x &= H\cos A\cos B \\ y &= H\cos A\sin B \end{aligned} \tag{6-20}$$

不同云系一般处于特定的高度范围内，表 6-2 为不同云系的典型云底

高度。由于静止卫星云图可提供的信息较为有限，无法判断云层的具体高度，因此需要假设云层处于不同的典型高度。

表 6–2　　　　　　　　　　不同云系的典型云底高度

云族	云系	云底高度的一般范围（m）
低云	积云	600～2000
	积雨云	600～2000
	层积云	600～2500
	层云	50～800
	雨层云	600～2000
中云	高层云	2500～4500
	高积云	2500～4500
高云	卷云	4500～10 000
	卷层云	4500～8000
	卷积云	4500～8000

图 6–19 为某日云层高度分别为 2、3、4、5、6、7、8、9、10km 对应的影响距离，图 6–20 和图 6–21 分别为对应的 X、Y 方向距离投影，图 6–22 为不同云层高度可能对光伏电站形成的影响距离。可见，随着云层高度的增加，对光伏电站的影响距离逐渐增大；对于单日来说，

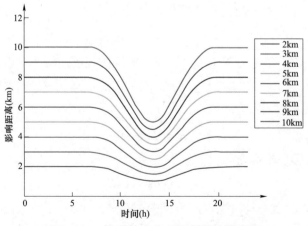

图 6–19　不同云层高度对应的影响距离

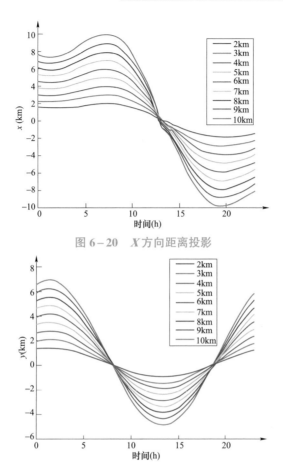

图 6-20　X 方向距离投影

图 6-21　Y 方向距离投影

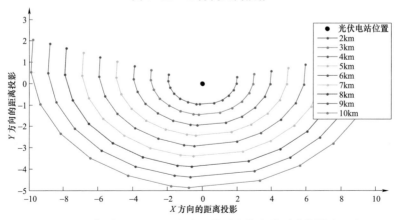

图 6-22　典型日不同云层高度可能对光伏电站形成的影响距离

由于早晨太阳高度角较小，影响距离较大，随着太阳高度角的增大，中午时分影响距离逐渐缩小，午后太阳高度角逐渐变小，影响距离逐渐变大。

云层高度为 10km 时每月 1 日对应的影响距离如图 6-23 所示。图中可见，云层投影遮挡距离与季节密切相关，6、7 月太阳高度角较大，影响距离最小，随着太阳高度角变小，5、8 月的影响距离增大，在冬季（1、12 月）影响距离达到最大。不同季节影响距离的差异最大在 10km 左右，考虑到卫星云图的空间分辨率约为 5km，在无法判定云层高度的情况下，卫星云图中太阳入射方向至少两个像素的灰度变化是必须考虑的。

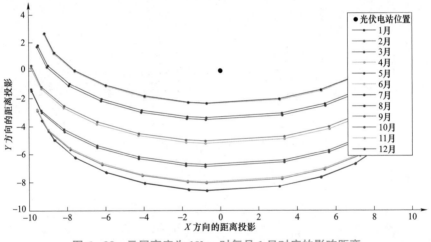

图 6-23　云层高度为 10km 时每月 1 日对应的影响距离

卫星云图的灰度反映了云的情况，一般来说，灰度越大，云层厚度越大，云层对辐照度的衰减越显著。构建每日的晴空模型，晴空模型与辐照度的差值即为云层遮挡引起的辐照度衰减，下面分别采用定性和定量的方法对灰度变化对辐照度的衰减进行研究。

图 6-24 为青海海西地区两个光伏电站实测辐照度与晴空模型的对比，图 6-25 为对应的辐照度衰减情况。可见，因云层遮挡，辐照度最大可衰减 900W/m^2，衰减幅度达 90%，因此，因云层遮挡引起辐照度衰减，进而引起功率衰减是必须考虑的。

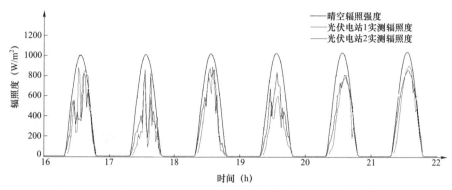

图 6-24　青海海西地区两个光伏电站实测辐照度与晴空模型的对比

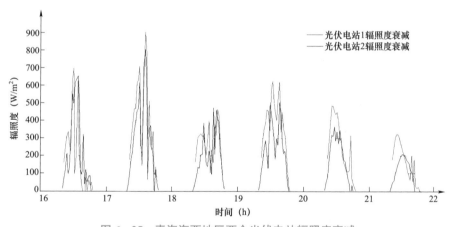

图 6-25　青海海西地区两个光伏电站辐照度衰减

图 6-26 为某日云图的变化情况，其中红色三角为光伏电站位置。可见，该区域 8:30~13:30 期间无云层遮挡，自 14:00 起，云层进入该区域并对光伏电站形成遮挡，该状态一致持续至晚间。图 6-27 为云图中光伏电站所在位置的灰度，其中 8:30 左右灰度约为 160，此时可近似看作无云层遮挡，自 14:00 起，灰度逐渐变大。图 6-28 为云图中光伏电站所在位置的功率情况，自 14:00 起，功率的衰减逐渐增大，且衰减程度呈现一定的波动性。上述分析表明，云层灰度的变化可在一定程度上表征辐照度的衰减趋势变化情况。

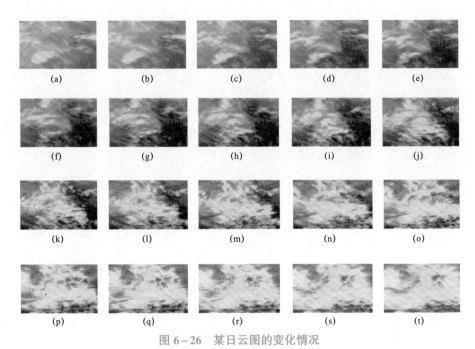

图 6-26 某日云图的变化情况

(a) 8:30 云图；(b) 9:00 云图；(c) 9:30 云图；(d) 10:00 云图；(e) 10:00 云图；(f) 11:00 云图；
(g) 11:30 云图；(h) 12:00 云图；(i) 12:30 云图；(j) 13:00 云图；(k) 13:30 云图；
(l) 14:00 云图；(m) 14:30 云图；(n) 15:00 云图；(o) 15:30 云图；(p) 16:00 云图；
(q) 16:30 云图；(r) 17:00 云图；(s) 17:30 云图；(t) 18:00 云图

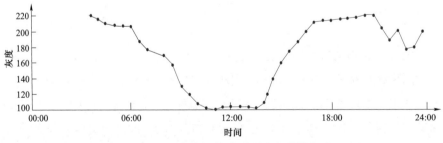

图 6-27 云图中光伏电站所在位置的灰度

云图灰度与辐照度的衰减密切相关，同时与太阳的位置关系紧密，为了定量分析云图灰度与辐照度衰减的关系，引入相关性系数指标，定量评定不同灰度提取方式与辐照度衰减的关系。相关性系数的定义为

$$r = \frac{\sum_{i=1}^{n}\left[(g_i - \overline{g})(p_i - \overline{p})\right]}{\sqrt{\sum_{i=1}^{n}(g_i - \overline{g})^2(p_i - \overline{p})^2}} \qquad (6-21)$$

式中　　g_i ——灰度序列；

　　　　$\overline{g}$ ——灰度序列的平均值；

　　　　p_i ——对应位置的辐照度衰减值；

　　　　$\overline{p}$ ——辐照度衰减序列的平均值。

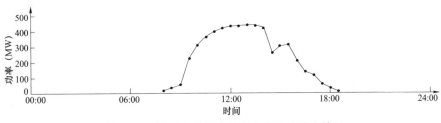

图 6-28　云图中光伏电站所在位置的功率情况

分别采用以下 4 种方式进行光伏电站对应的云图灰度提取：

方式 1：直接提取光伏电站位置处的灰度值。

方式 2：首先对卫星云图进行灰度校正，然后提取光伏电站位置处的灰度值。

方式 3：假设云层高度为 5km，根据太阳位置模型确定可能对光伏电站形成遮挡的像素位置，并提取对应位置的灰度值。

方式 4：首先对卫星云图进行灰度校正，然后根据太阳位置模型确定可能对光伏电站形成遮挡的像素位置，并提取对应位置的灰度值。

采用不同的方式进行云图灰度提取，分别统计不同灰度提取方式形成的灰度序列与辐照度衰减的相关性系数，具体见表 6-3。经过灰度校正后的卫星云图灰度值与辐照度衰减的相关性更高；此外，与单一位置像素灰度相比，根据太阳位置模型确定的影响位置对应的像素灰度与辐照度衰减的相关性更高。

表6-3 不同灰度提取方式形成的灰度序列与

辐照度衰减的相关性系数

灰度提取方式	相关性系数	灰度提取方式	相关性系数
方式1	0.612 2	方式3	0.644 3
方式2	0.643 2	方式4	0.688 0

根据方式1与方式4提取的像素灰度与辐照衰减的散点图如图6-29所示，可见，方式4明显优于方式1。

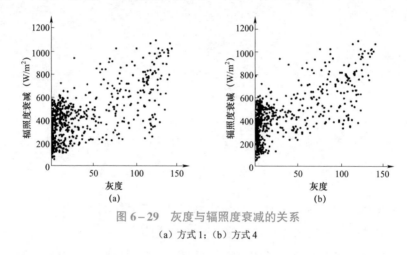

图6-29 灰度与辐照度衰减的关系

（a）方式1；（b）方式4

6.3 考虑云层遮挡的光伏发电分钟级功率预测

由于静止卫星云图可提供的信息较为有限，无法判断云层高度，故无法准确判定云层遮挡对应的位置。面向实际应用，本节介绍基于神经网络建立图像灰度与辐照衰减预测模型的方法。

6.3.1 灰度特征值的提取

太阳的高度角和方位角随日期和时间变化，在无法准确获得云层高度信息的情况下，可通过提取可能对光伏电站形成遮挡位置处的灰度特征，建立特征信息与辐照度衰减的关系模型，灰度特征信息提取方案为：

（1）确定可能对光伏电站形成遮挡的位置。假设云层高度为6km，日期为 4 月或 9 月，根据前文分析的不同云层高度在不同季节的影响距离，确定引起云层遮挡的典型位置曲线，以曲线上某点为中心，提取该位置处周围 3×3 像素的灰度作为可能引起云层遮挡的典型位置。

（2）提取灰度特征。记某点对应灰度序列为 g_i（$i=1$，2，…，9），分别提取灰度的均值、最大值、最小值、标准差，计算公式分别为

$$\overline{g} = \frac{\sum\limits_{i=1}^{9} g_i}{9} \tag{6-22}$$

$$g_{\max} = \max(g_1, g_2, \cdots, g_9) \tag{6-23}$$

$$g_{\min} = \min(g_1, g_2, \cdots, g_9) \tag{6-24}$$

$$g_{\mathrm{std}} = \sqrt{\frac{1}{9}\sum\limits_{i=1}^{9}(g_i - \overline{g})^2} \tag{6-25}$$

式中 $\overline{g}$——灰度的均值；

$g_{\max}$——灰度的最大值；

$g_{\min}$——灰度的最小值；

g_{std}——灰度的标准差。

6.3.2 基于 BP 神经网络的预测模型

利用 BP 神经网络，建立灰度特征与辐照度衰减的统计关系，网络结构如图 6-30 所示。输入参数为经过处理的灰度特征值 $\overline{g}$、$g_{\max}$、$g_{\min}$ 和 g_{std}，输出为对应的辐照度衰减 p。

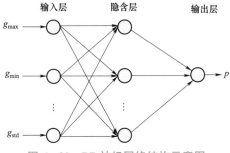

图 6-30　BP 神经网络结构示意图

基于青海海西地区的辐照度晴空模型，以某光伏电站实测辐照度为基础，计算同期的辐照衰减量，并以此作为预测目标，取该区域灰度特

征信息的标幺值作为输入，建立基于人工神经网络的预测模型，预测效果如图 6−31 所示。统计显示，人工神经网络模型对应的灰度衰减预测结果与实际辐照度衰减相比，相关性系数达到 0.853 6。在对辐照度衰减进行有效拟合的基础上，建立同期的晴空模型，晴空模型减去辐照度衰减即为重构获取的辐照度，图 6−32 为重构后的辐照度与实际辐照度的对比，可见，重构辐照度与真实辐照度具有较好的一致性，二者相关性系数高达 0.927 0。

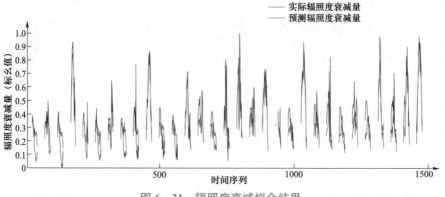

图 6−31　辐照度衰减拟合结果

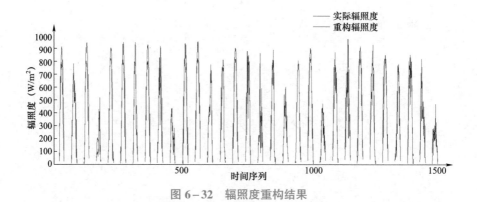

图 6−32　辐照度重构结果

在获取辐照度预测数据后，可采用 4.1 提供的物理预测方式，实现预测辐照度向预测功率的转化，即光伏电站的分钟级功率预测。

6.4　应　用　实　例

光伏发电分钟级功率预测流程图如图 6−33 所示。通过对云层运动轨迹的预测，确定辐照度未来可能的衰减程度，结合辐照度的晴空模型，重构考虑云层遮挡对应的辐照度变化情况，基于光伏电站的光电转换模型，实现对光伏电站的分钟级功率预测。

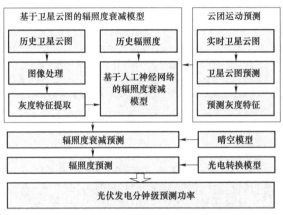

图 6−33　光伏发电分钟级功率预测流程图

以青海海西地区格尔木光伏产业园内的 23 个光伏电站为例进行计算和分析。23 个光伏电站的总装机容量 630MW。本算例的数据为 2015 年 3 月 1～21 日期间的数据，使用的卫星数据为中国气象局发布的每 0.5h 的红外卫星云图，通过本章提出的技术路线，对 23 个光伏电站的总功率进行预测，统计 0.5、1、1.5、2h 的预测结果。

不同提前预报时刻的功率预测曲线如图 6−34 所示，预测误差指标见表 6−4。

表 6−4　　　　　　　　　　光伏发电分钟级功率预测误差

时间尺度（h）	均方根误差（%）	平均绝对误差（%）	相关性系数
0.5	6.7	5.0	0.934
1	7.8	5.6	0.913
1.5	8.5	6.1	0.904
2	8.8	6.3	0.903

光伏发电功率预测技术及应用

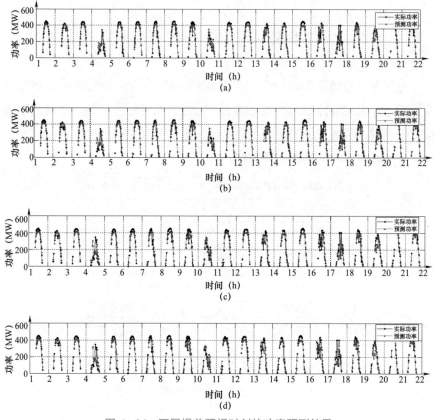

图6-34 不同提前预报时刻的功率预测结果

（a）提前0.5h；（b）提前1h；（c）提前1.5h；（d）提前2h

预测结果很好地跟踪了云层遮挡引起的功率幅值下降。从误差统计来看，随着预测时长的增大，预测误差逐渐增大，0.5h 的预测均方根误差为6.7%，2h 的均方根误差为8.8%。

图6-35 和图6-36 分别为2015 年3 月10 日的分钟级功率预测结果和卫星云图实况，由卫星云图可见，该日在卷云、卷层云等高云的作用下，功率衰减较为严重，预测功率根据云图的灰度变化很好地把握到了光伏电站功率的衰减程度，特别是在15:30～17:00 之间云层遮挡范围移出光伏电站，光伏电站输出功率快速回升，预测功率对该时段实现了有效捕捉，验证了算法的有效性和模型的准确性。

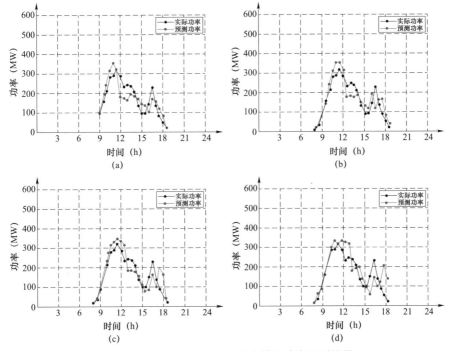

图 6-35　2015 年 3 月 10 日分钟级功率预测结果

（a）提前 0.5h 预测曲线；（b）提前 1h 预测曲线；（c）提前 1.5h 预测曲线；（d）提前 2h 预测曲线

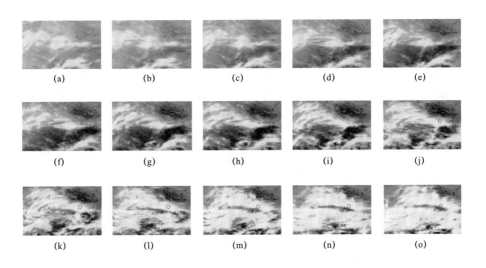

图 6-36 2015 年 3 月 10 日卫星云图实况

（a）8:30 实况；（b）9:00 实况；（c）9:30 实况；（d）10:00 实况；（e）10:30 实况；（f）11:00 实况；

（g）11:30 实况；（h）12:00 实况；（i）12:30 实况；（j）13:00 实况；（k）13:30 实况；

（l）14:00 实况；（m）14:30 实况；（n）15:00 实况；（o）15:30 实况；（p）16:00 实况；

（q）16:30 实况；（r）17:00 实况；（s）17:30 实况；（t）18:00 实况

　　图 6-37 和图 6-38 为 2015 年 3 月 9 日的情形，该日总体处于中云控制中，对于云层遮挡引起的功率波动，预测功率在一定程度上有所体现。

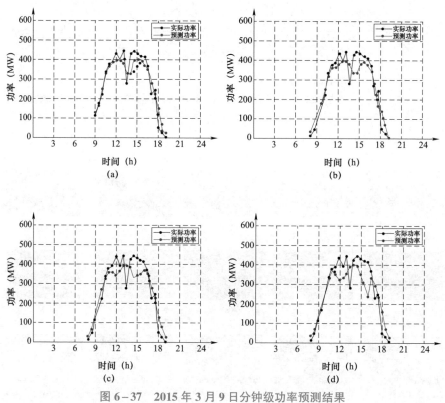

图 6-37 2015 年 3 月 9 日分钟级功率预测结果

（a）提前 0.5h 预测曲线；（b）提前 1h 预测曲线；（c）提前 1.5h 预测曲线；（d）提前 2h 预测曲线

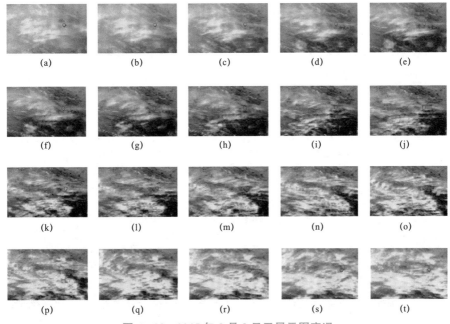

图 6-38 2015 年 3 月 9 日卫星云图实况

（a）8:30 实况；（b）9:00 实况；（c）9:30 实况；（d）10:00 实况；（e）10:30 实况；（f）11:00 实况；

（g）11:30 实况；（h）12:00 实况；（i）12:30 实况；（j）13:00 实况；（k）13:30 实况；

（l）14:00 实况；（m）14:30 实况；（n）15:00 实况；（o）15:30 实况；（p）16:00 实况；

（q）16:30 实况；（r）17:00 实况；（s）17:30 实况；（t）18:00 实况

图 6-39 和图 6-40 为处于低云控制阶段的情形，从输出功率来看，该日在 14:00 左右发生功率波动，卫星云图中虽然有小幅的灰度变化，但最终的预测结果中没有明显的功率波动体现，说明基于卫星云图的功率预测对于低云的识别能力较差。

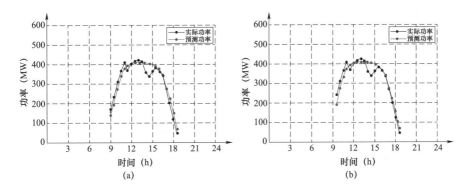

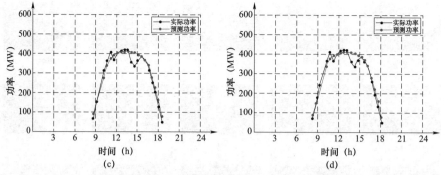

图 6-39　2015 年 3 月 3 日分钟级功率预测结果

（a）提前 0.5h 预测曲线；（b）提前 1h 预测曲线；

（c）提前 1.5h 预测曲线；（d）提前 2h 预测曲线

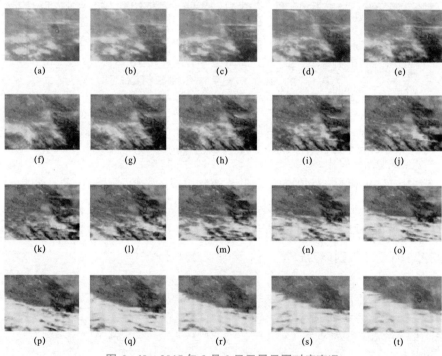

图 6-40　2015 年 3 月 3 日卫星云图对应实况

（a）8:30 实况；（b）9:00 实况；（c）9:30 实况；（d）10:00 实况；（e）10:30 实况；（f）11:00 实况；

（g）11:30 实况；（h）12:00 实况；（i）12:30 实况；（j）13:00 实况；（k）13:30 实况；

（l）14:00 实况；（m）14:30 实况；（n）15:00 实况；（o）15:30 实况；（p）16:00 实况；

（q）16:30 实况；（r）17:00 实况；（s）17:30 实况；（t）18:00 实况

第 7 章

分布式光伏发电功率预测技术

分布式光伏电站具有数量庞大、分散接入、输出功率随机波动等特征，给电网的运行、管理带来新的挑战，因此，需开展分布式光伏发电功率预测，逐步将分布式光伏发电纳入调度运行。

我国还没有针对分布式光伏发电功率预测的相关技术标准，未明确分布式光伏发电功率预测必须满足的时间和空间尺度要求。目前研究和应用较多的是：在时间尺度上，主要开展面向目前发电计划的短期功率预测；在空间尺度上，主要开展区域内分布式光伏电站的总功率预测，不单独预测分布式光伏电站的功率。

分布式光伏发电功率预测的整体技术路线为：基于 NWP 数据，根据区域内分布式光伏电站运行数据的采集情况，综合考虑区域资源特性和网络拓扑结构，建立以网格划分为基础的预测模型，实现区域内分布式光伏发电功率预测。

7.1 分布式光伏发电的特点

分布式光伏电站接入点电压一般为 10kV 或 220/380V，在地理位置方面呈现点多面广、局部高密度并网的特点。分布式光伏发电与集中式光伏发电的原理相同，因而分布式光伏发电功率预测可参考集中式光伏发电，但两者也存在差异，主要体现在以下两个方面：

（1）相同装机容量下光伏电池板的单体数量多、地理分布广。集中式光伏电站具有专用区域，以最大发电量为目标。有别于集中式光伏电站，分布式光伏电站主要是在居民屋顶、厂房房顶等表面铺设光伏组件，光伏组件的集中度较低，安装时需主动适应安装环境。两种完全不同的建设目标，使得分布式光伏电站在相同装机容量下光伏组件单体数量多、地理分布广，如果采用集中式光伏电站功率预测的思路，针对每个分布式光伏电站分别建立预测模型，建模工作量十分庞大，在生产应用中是不现实的。

（2）运行数据采集困难。由于要实现时间分辨率为 15min 的功率预测，分布式光伏电站单体容量小，地理位置分散，无法像集中式光伏电站一样通过专线的方式采集运行数据，只能通过无线传输或用电采集系统进行运行数据的采集。目前部分省份对于 10kV 及以上电压等级并网的分布式光伏电站实现每 15min 的数据采集，但由于传输方式不稳定，导致数据中存在大量的缺失和异常数据；目前，220/380V 户用分布式光伏电站数据采集的手段单一，采集的数据大多为每日的电量数据，无法满足功率预测的要求。

因此，分布式光伏发电功率预测技术在沿用集中式光伏发电预测技术的同时，还需对其进行改进，使其适应分布式光伏发电的特点。

7.2 基于区域划分的功率预测方法

在光伏发电功率预测方面，一般认为，预测单元越小，预测结果中包含的信息越完整，在区域平滑效应的作用下，由单个预测单元累加得到的区域预测结果精度更高。然而，由于分布式光伏电站数量多、地理分布广泛、基础资料和运行数据匮乏，通过单个单元预测结果累加的方式难以实现。因此，对区域分布式光伏电站进行子区域划分，并针对子区域内分布式光伏电站群进行集中建模，可在基本保证预测精度的前提下实现功率预测的全覆盖。

分布式光伏电站运行数据的采集大多通过无线传输的方式，且存在数据无法采集的情况，运行数据良莠不齐。面向子区域内分布式光伏电站的功率预测建模，需要做针对性处理。具备实际功率数据的分布式光伏电站，可采用聚类分析方法实现功率预测建模，进而获取预测功率；缺乏功率数据的分布式光伏电站，可通过线性扩容方式推算获得预测功率。分布式光伏发电聚类统计预测方法技术路线如图7-1所示。

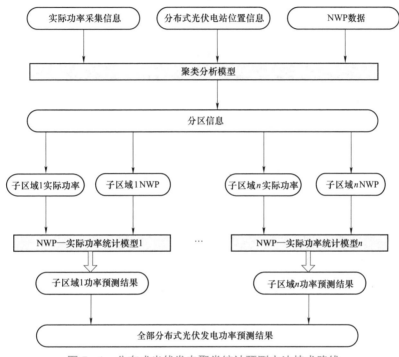

图7-1　分布式光伏发电聚类统计预测方法技术路线

考虑分布式光伏电站的分散问题及光伏发电弱局地效应，基于数据完备分布式光伏电站的历史实际功率，采用特定方法，如模糊聚类分析方法，对分布式光伏电站所在区域进行分区，以分区内的三维NWP为输入数据，采用人工神经网络等统计方法，构建NWP辐照度、气温、云量、相对湿度等气象参量与子区域实际功率的映射模型，将NWP输入建立的映射模型，便可获得子区域的功率预测结果，对于不具备实际功率数据的分布式光伏电站，其功率预测结果通过子区域内装机容量的线性扩容获得，全部子区域累加，获得所有分布式光伏发电功率预测结果。

7.2.1　基于模糊聚类分析的子区域划分

考虑资源相关性进行分布式光伏电站子区域的划分，原则是在保证覆盖全部分布式光伏电站的前提下，保证子区域内资源的一致性，并尽量减少子区域划分的颗粒度。由于光伏发电功率是资源特性、空间分布等多种因素的综合体现，可采用模糊聚类分析的方法，利用分布式光伏电站的历史功率波动特性将其所在区域划分为若干子区域。

7.2.1.1 模糊聚类分析

模糊聚类分析是根据研究对象本身的属性来构造模糊矩阵，并在此基础上根据一定的隶属度来确定聚类关系，即用模糊数学的方法定量确定样本之间的模糊关系，从而客观且准确地进行聚类。记样本观测数据矩阵为

$$X = [x_1, x_2, \cdots, x_i, \cdots, x_n]^{\mathrm{T}} \tag{7-1}$$

其中，$x_i = [x_{i1}, \ x_{i2}, \ \cdots \ , x_{ip}]$ 为第 i 个变量的 p 次观测，n 为变量个数。记聚类个数为 c，聚类中心为 $V = [v_1, v_2, \cdots, v_c]$，其中 $v_i = [v_{i1}, v_{i2}, \cdots, v_{ip}]$，$i = 1, 2, \cdots, c$。

定义目标函数为

$$J(U,V) = \sum_{k=1}^{n}\sum_{i=1}^{c} u_{ik}^m d_{ik}^2 \tag{7-2}$$

式中　u_{ik}——第 k 个样品 x_k 属于第 i 类的隶属度；

$U = (u_{ik})_{c \times n}$——隶属度矩阵；

m——模糊加权指数；

d_{ik}——观测值与聚类中心的欧式距离，$d_{ik} = \|x_k - v_i\|$。

模糊聚类法的聚类准则是求取使目标函数取得最小值的 U 和 V，其计算步骤如下：

（1）确定分类个数，初始化隶属度矩阵 $U^{(0)}$，一般取 [0，1] 之间均匀分布的随机数进行初始化。

（2）计算聚类中心 $V^{(l)}$

$$v_i^{(l)} = \frac{\sum_{k=1}^{n}\left\{[u_{ik}^{(l-1)}]^m x_k\right\}}{\sum_{k=1}^{n}[u_{ik}^{(l-1)}]^m} \quad i=1,2,\cdots,c \tag{7-3}$$

式中　l——迭代次数。

（3）修正隶属度矩阵 $U^{(l)}$，并计算目标函数值 $J^{(l)}$

$$u_{ik}^{(l)} = \frac{1}{\sum\limits_{j=1}^{c} \left[d_{ik}^{(l)} \Big/ d_{jk}^{(l)} \right]^2} \quad i=1,2,\cdots,c;\ k=1,2,\cdots,n \qquad (7-4)$$

$$J^{(l)}[\boldsymbol{U}^{(l)}, \boldsymbol{V}^{(l)}] = \sum\limits_{k=1}^{n}\sum\limits_{i=1}^{c} [u_{ik}^{(l)}]^2 [d_{ik}^{(l)}]^2 \qquad (7-5)$$

其中

$$d_{ik}^{(l)} = \left\| \boldsymbol{x}_k - \boldsymbol{v}_i^{(l)} \right\|$$

（4）对给定的隶属度设置终止容限，即 $\left| J^{(l)} - J^{(l-1)} \right| < \varepsilon_J$ 时终止迭代（ε_J 为终止迭代阈值），并根据隶属度矩阵 $\boldsymbol{U}$ 中元素取值确定样品的归类，否则 $l=l+1$，进入步骤（2），直到满足迭代终止条件。

7.2.1.2　基于模糊聚类分析的子区域划分方法

以某分布式光伏电站区域为例，选择 2017 年 5 月～2018 年 5 月功率完整的 55 个分布式光伏电站划分子区域。以分布式光伏电站的实际功率序列构造观测数据矩阵，采用式（7-1）～式（7-5）描述的方法进行模糊聚类分析，系统聚类树如图 7-2 所示。

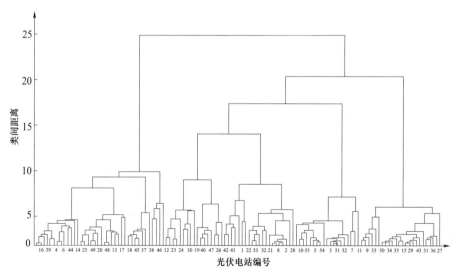

图 7-2　系统聚类树

根据聚类中心距离最大原则，同时考虑各聚类间的样本均衡，将聚类数量确定为 3 个，将 55 个分布式光伏电站所在区域划分为 3 个子区域。每个子区域分别有 10、17、28 个分布式光伏电站。为验证该聚类划分的合理性，取实际功率序列来分析各个子区域内光伏电站功率的日内波动特征，如图 7-3 所示。

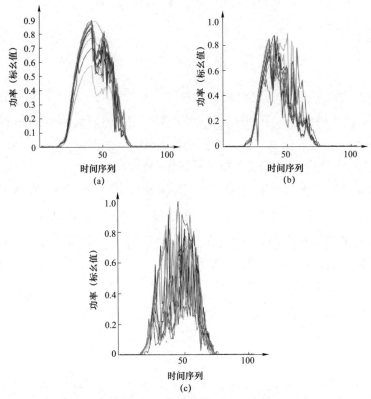

图 7-3　3 个子区域光伏电站功率的日内波动特征
(a) 区域 1；(b) 区域 2；(c) 区域 3

从光伏电站功率特征来看，3 个子区域内部光伏电站功率在发电时间、波动出现时间及波动强度等方面具有一定的一致性，不同区域之间则存在差异。

7.2.2　子区域气象特征参数提取方法

对于光伏发电功率预测来说，NWP 是重要的基础数据源，在传统的光伏发电短期功率预测方法中，需要对每个光伏电站建立 NWP 和有功功率的映射模型。分布式光伏发电功率预测时区域内包含多个 NWP 点位，划分子区域后，一个子区域内也可能包含多个 NWP 格点，当 NWP 数据源相同且两个 NWP 格点距离较近时，其数据往往具有较强的相关性，如果不加选择地将每个 NWP 数据都用于预测建模，一方面会造成预测模型复杂度的加大和计算成本的提高，另一方面高相关性的冗余输入会导致模型难以达到全局最优，从而影响预测精度。因此有必要通过特征选取的方法，在大量可用站点的 NWP 数据中适当地选取子集，在多保留原数据集有效信息量的前提下，尽量减少输入数据的冗余度。利用主成分分析理论，基于"最小冗余—最大相关"原则，在子区域内所有分布式光伏电站的可用 NWP 数据中进行特征选取，可保证所选的子区域气象特征参数与区域功率的相关性最大，同时可降低 NWP 集合的整体冗余性。

主成分分析是一种通过降维技术把多个变量转化为少数几个主成分分量的多元统计方法，这些主成分在保留原始变量绝大部分信息的同时降低了变量的维度，从而减少了问题的复杂度。记 NWP 中对应气象参数矩阵为

$$\boldsymbol{X} = \begin{pmatrix} x_{11} & \cdots & x_{1p} \\ \vdots & \ddots & \vdots \\ x_{n1} & \cdots & x_{np} \end{pmatrix} \tag{7-6}$$

式中　p——变量个数，即参与分析的 NWP 气象参数的个数；

　　　n——样本个数。

（1）计算样本 $\boldsymbol{X}$ 的协方差矩阵为

$$\boldsymbol{S} = \frac{1}{n-1} \sum_{i=1}^{n} (\boldsymbol{x}_i - \bar{\boldsymbol{x}})(\boldsymbol{x}_i - \bar{\boldsymbol{x}})^{\mathrm{T}} \tag{7-7}$$

其中，$\bar{\boldsymbol{x}} = \sum_{i=1}^{n} \boldsymbol{x}_i \Big/ n$ 为样本均值。

（2）计算样本主成分。计算样本协方差矩阵 $\boldsymbol{S}$ 的特征值和特征向量，记 $\lambda_1 \geqslant \lambda_2 \geqslant \cdots \geqslant \lambda_p \geqslant 0$ 为 $\boldsymbol{S}$ 的 p 个特征值，$\boldsymbol{t}_1, \boldsymbol{t}_2, \cdots, \boldsymbol{t}_p$ 为相应的正交特征向量，则样本的主成分为

$$\boldsymbol{y}_i = \boldsymbol{t}_i^{\mathrm{T}} \boldsymbol{x} \qquad i = 1, 2, \cdots, p \tag{7-8}$$

（3）样本主成分的确定。计算各样本主成分 $\boldsymbol{y}_i$ 的贡献率为

$$\delta_i = \frac{\lambda_i}{\sum_{i=1}^{p} \lambda_i} \qquad (7-9)$$

贡献率反映了主成分解释原始变量信息的能力,前 $m(m \leqslant p)$ 个主成分的贡献率之和称为累计贡献率,一般认为累计贡献率超过 85% 所对应的主成分即可较为完整地反映原始变量的信息。

7.2.3 子区域升尺度预测模型

基于分布式光伏电站的子区域划分和子区域气象特征提取技术,利用统计建模手段,以子区域内分布式光伏发电功率总加为预测对象,建立气象—功率转化模型。统计方法可采用人工神经网络等。对于分布式光伏电站,由于数据采集不完备,子区域内的部分电站可能存在数据不完备的情况,历史实际功率不可用或可用率较低,因此需要对子区域内的分布式光伏电站进行筛选,选择数据完备的分布式光伏电站,以数据完备的分布式光伏电站的实际功率总和为预测目标,建立子区域内气象特征与筛选分布式光伏电站功率的关系模型。对于数据不完备和新并网的分布式光伏电站,根据装机容量和预测容量的关系,利用预测功率的线性扩容来获得子区域内总的光伏发电预测功率。

假设子区域中参与统计建模的分布式光伏电站装机容量为 C_i,未参与建模的分布式光伏电站的装机容量为 C_n,则该子区域内分布式光伏电站总装机容量为 $C_f = C_i + C_n$,假设该区域某时刻的预测结果为 p_i,通过线性扩容,最终的预测结果 p_f 为

$$p_f = p_i \times \frac{C_f}{C_i} \qquad (7-10)$$

7.3 网格化功率预测方法

分布式光伏发电网格化功率预测方法的基本原理是以覆盖区域的高分辨率网格化 NWP(一般为 3km×3km 或 1km×1km)的网格空间划分为基础,根据分布式光伏电站的空间位置信息(经、纬度),自动建立分布式光

伏电站与网格的对应关系,然后利用分布式光伏发电通用化功率预测模型,获得网格内分布式光伏电站输出功率预测结果,所有网格点预测结果相加,得到区域内全部分布式光伏电站的功率预测结果。分布式光伏发电网格化功率预测整体技术路线如图7-4所示。

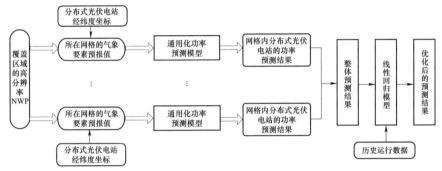

图7-4 分布式光伏发电网格化功率预测整体技术路线

通用化功率预测模型根据光伏电站所处的地理位置,综合分析单晶硅、多晶硅等不同类型光伏电池的功率特征,提取光伏电池特性的通用参数,建立气象—功率通用化转换关系。

分布式光伏电站电池类型多,布局多样,且难以收集准确的基础资料,因此,一般来说通用化功率预测模型在系统运行初期预测效果不佳。随着运行数据的积累,可利用运行数据,基于线性回归的方式对原始预测结果进行优化调整,以提高功率预测的精度。

7.3.1 通用化功率预测模型

分布式光伏发电通用化功率预测模型就是基于太阳位置模型、光伏电池模型及逆变器效率模型,利用光伏电池的通用性特征参数,建立分布式光伏电站的气象—功率转换函数

$$p = f(G_t, T_t, \lambda, \varphi, \beta, U_{OC}, I_{sc}, U_{mpp}, I_{mpp}, n) \qquad (7-11)$$

式中　p ——分布式光伏电站功率预测值,MW;

　　　G_t ——分布式光伏电站所在网格的辐照度预测值,W/m²;

　　　T_t ——分布式光伏电站所在网格的温度预测值,℃;

　　　λ ——分布式光伏电站的经度坐标,(°);

φ ——分布式光伏电站的纬度坐标，（°）；

β ——光伏电池的安装倾角，（°）；

U_{OC} ——光伏电池的开路电压，V；

I_{sc} ——光伏电池的短路电流，A；

U_{mpp} ——光伏电池的最佳工作电压，V；

I_{mpp} ——光伏电池的最佳工作电流，A；

n ——光伏电池的数量，无量纲。

由于网格化预测需要基于分布式光伏电站的经纬度确定其所处网格，故经纬度信息需要根据实际获取，若无法采集到准确的信息，可根据其所处的大概位置估计。光伏电池的数量为

$$n = \frac{C}{U_{mpp}I_{mpp}} \qquad (7-12)$$

式中　C ——分布式光伏电站的装机容量。

只要获取 U_{mpp}、I_{mpp} 两个参数，即可计算得到光伏电池的数量 n。

通过上述分析，通用化模型的核心是估计 Z'、U_{OC}、I_{sc}、U_{mpp}、I_{mpp} 这五个变量的数值，可采用的方法如下：

（1）收集区域内的分布式光伏电站、集中式光伏电站的基础资料，选择基础资料质量较高的电站作为样本，建立气象—功率转换模型。

（2）以相同的辐照度、温度等气象要素为输入，如图 7-5 和图 7-6 所示。计算各光伏电站对应的输出功率，如图 7-7 所示，图中的曲线对应108 个光伏电站的功率值。

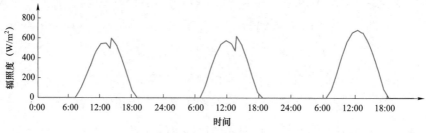

图 7-5　辐照度输入值

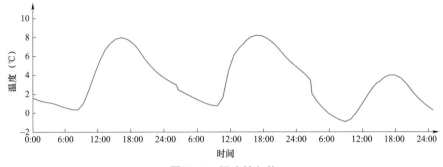

图 7-6　温度输入值

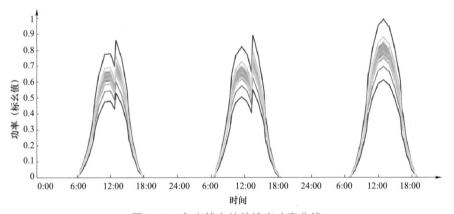

图 7-7　各光伏电站的输出功率曲线

（3）计算全部光伏电站在某一时刻（可为功率最大的时刻，一般为 12 时）的功率平均值，筛选功率与平均值最接近的若干光伏电站。

（4）以筛选出的光伏电站对应的 Z'、U_{OC}、I_{sc}、U_{mpp}、I_{mpp} 为基准，求取对应参数的平均值，视为该地区分布式光伏电站的通用特征参数。

7.3.2　预测结果优化

分布式光伏发电网格化预测需要采用通用化的预测模型，由于气象—功率转换关系的复杂性和模型参数的局限性，一般来说，原始的预测结果欠佳，随着历史实际功率和预测功率数据的积累，可采用线性回归的方式对原始预测结果进行线性变换，进而提高预测结果的准确性。

由于区域内的分布式光伏电站所在网格数量多，针对每个网格分别做线性回归工作量较大，可统一针对地区分布式光伏电站网格总加进行线性

回归

$$p'_{all} = \beta p_{all} + \beta_0 \qquad (7-13)$$

式中 p'_{all} ——修正后的分布式光伏功率预测的总加值，MW；

       p_{all} ——原始的分布式光伏功率预测的总加值，MW；

     β 、 β_0 ——修正系数。

7.3.3 应用实例

在实际应用中，可根据分布式光伏电站的具体情况确定采用的特征参数。对于可收集到基础资料的分布式光伏电站，可采用该分布式光伏电站实际的特征参数；对于无法收集到基础资料的，可采用通用化参数。

以东北某地区为例，该地区共有 10kV 及以上电压等级的分布式光伏电站 154 座，总装机容量约 108MW。基于空间分辨率 3km 的 NWP，利用网格化预测方法实现对 154 座分布式光伏电站的预测全覆盖，每次预测时长为 72h，时间分辨率为 15min。该地区 1 个月的预测误差情况见表 7-1，连续 3 日的实际和预测曲线如图 7-8 所示。

表 7-1   东北某地区分布式光伏发电网格化功率预测效果

平均绝对误差（%）	均方根误差（%）	相关性系数	误差小于 20%装机容量所占的比例（%）
8.98	12.67	0.92	86.82

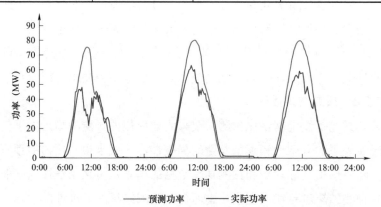

图 7-8   东北某地区分布式光伏发电连续 3 日的预测效果

利用历史运行数据，对原始预测结果进行线性回归，获取经过回归优化的预测结果，优化后结果的预测误差情况见表 7−2，同时段的实际和预测曲线如图 7−9 所示。可以看出，经过优化后的预测结果较原结果有一定程度的提升。

表 7−2　东北某地区分布式光伏发电功率预测结果优化的效果

平均绝对误差（%）	均方根误差（%）	相关性系数	误差小于 20%装机容量所占的比例（%）
8.13	11.8	0.92	89.72

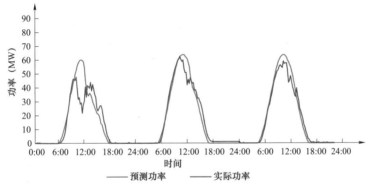

图 7−9　东北某地区分布式光伏发电连续 3 日的预测优化效果

第8章

光伏发电功率预测结果评价

功率预测结果评价是评价预测功率与实际功率的偏离程度，为科学有效地评价光伏发电功率预测结果，行业内建立了相关评价指标，如均方根误差、平均绝对误差、相关性系数等，部分指标已在调度运行中得到应用。

8.1 预测结果评价指标

常用的光伏发电功率预测结果评价指标包括均方根误差、准确率、平均绝对误差、相关性系数、合格率、极大误差率、95%分位数偏差率、预测数上报率等。

（1）均方根误差 E_{rmse}。均方根误差用于评价预测误差的分散程度，可从整体上对光伏发电功率的预测效果进行评价，其计算方法为

$$E_{rmse} = \sqrt{\frac{1}{n}\sum_{i=1}^{n}\left(\frac{P_{Pi} - P_{Mi}}{C_i}\right)^2} \qquad (8-1)$$

式中　　P_{Pi}——i 时刻的预测功率；

　　　　P_{Mi}——i 时刻的实际功率；

　　　　C_i——i 时刻的开机容量；

　　　　n——统计时段内的总样本数。

（2）准确率 C_R。准确率可以根据均方根误差结果计算得到，数值越大，对应的预测精度越高。准确率较为直观，因此在电力调度中得到普遍应用，其计算方法为

$$C_{\mathrm{R}} = 1 - \sqrt{\frac{1}{n} \sum_{i=1}^{n} \left(\frac{P_{\mathrm{M}i} - P_{\mathrm{P}i}}{C_i} \right)^2} \qquad (8-2)$$

（3）平均绝对误差 E_{mae}。平均绝对误差用于表征预测结果与实际结果的平均偏离程度，计算方法为

$$E_{\mathrm{mae}} = \frac{1}{n} \sum_{i=1}^{n} \left| \frac{P_{\mathrm{P}i} - P_{\mathrm{M}i}}{C_i} \right| \qquad (8-3)$$

（4）相关性系数 r。相关性系数用于表征两组曲线趋势的一致性，取值范围为 [−1，1]，其值接近 1 时表明预测功率与实际功率的线性正相关程度越大，理想的预测结果为 $r=1$。当 r 接近 0 时表明预测功率与实际功率线性不相关，其值小于 0 时表明预测功率与实际功率线性负相关，计算方法为

$$r = \frac{\sum_{i=1}^{n} \left[(P_{\mathrm{M}i} - \bar{P}_{\mathrm{M}})(P_{\mathrm{P}i} - \bar{P}_{\mathrm{P}}) \right]}{\sqrt{\sum_{i=1}^{n} (P_{\mathrm{M}i} - \bar{P}_{\mathrm{M}})^2 \sum_{i=1}^{n} (P_{\mathrm{P}i} - \bar{P}_{\mathrm{P}})^2}} \qquad (8-4)$$

（5）合格率 Q_{R}。合格率指预测合格点数占评价时段总点数的百分比，合格点数指预测绝对偏差小于给定阈值的点数，计算公式为

$$Q_{\mathrm{R}} = \frac{1}{n} \sum_{i=1}^{n} B_i \times 100\% \qquad (8-5)$$

$$B_i = \begin{cases} 1 & \dfrac{|P_{\mathrm{P}i} - P_{\mathrm{M}i}|}{C_i} \leqslant T \\[2mm] 0 & \dfrac{|P_{\mathrm{P}i} - P_{\mathrm{M}i}|}{C_i} > T \end{cases} \qquad (8-6)$$

其中，B_i 代表 i 时刻预测绝对误差是否合格，若合格为 1，不合格为 0；T 为判定阈值，根据电力调度部门的实际情况确定，T 一般不大于 0.25。

（6）极大误差率 E_{ex}。极大误差率主要反映单点的极端偏差情况，可为运行人员提供直观的极端误差参考，为系统的运行提供依据，其计算表达式为

$$E_{\text{ex}} = \max\left(\frac{|P_{\text{P}i} - P_{\text{M}i}|}{C_i}\right) \qquad (8-7)$$

考虑到正负误差在系统运行控制中的不同影响，给出了正极大误差率 E_{exp} 和负极大误差率 E_{exn} 的计算公式为

$$E_{\text{exp}} = \max\left(\frac{P_{\text{P}i} - P_{\text{M}i}}{C_i}\right) \qquad (8-8)$$

$$E_{\text{exn}} = \min\left(\frac{P_{\text{P}i} - P_{\text{M}i}}{C_i}\right) \qquad (8-9)$$

（7）95%分位数偏差率。95%分位数偏差率包括 95%分位数正偏差率和 95%分位数负偏差率。95%分位数正偏差率指将评价时段内单点预测正偏差率由小到大排列，选取位于第 95%位置处的单点预测正偏差率，计算表达式为

$$\begin{cases} E_i = \dfrac{P_{\text{P}i} - P_{\text{M}i}}{C_i} \geqslant 0 & i = 1, 2, \cdots, n \\ E_j = sortp(E_i) & j = 1, 2, \cdots, n \\ p_{95\text{p}} = E_j & j = INT(0.95n) \end{cases} \qquad (8-10)$$

95%分位数负偏差率指将评价时段内单点预测负偏差率由大到小排列，选取位于第 95%位置处的单点预测负偏差率，计算表达式为

$$\begin{cases} E_i = \dfrac{P_{\text{P}i} - P_{\text{M}i}}{C_i} \leqslant 0 & i = 1, 2, \cdots, n' \\ E_j = sortn(E_i) & j = 1, 2, \cdots, n' \\ p_{95\text{n}} = E_j & j = INT(0.95n') \end{cases} \qquad (8-11)$$

式中　　$p_{95\text{p}}$、$p_{95\text{n}}$——分别为 95%分位数正偏差率和负偏差率，其取值步长根据具体情况而定，无量纲；

E_i——i 时刻预测偏差率，无量纲；

E_j——排序后的单点预测偏差率，无量纲；

$sortp()$——由小到大排序函数；

$sortn()$——由大到小排序函数；

$INT()$——取整函数；

n、n'——分别为评价时段内的正偏差样本数和负偏差样本数
量，应不少于 1 年的同期数据样本。

（8）预测数据上报率 R_r。调度机构为考核光伏电站上传的预测数据完
整率，提出了预测数据上报率的指标，其计算公式为

$$R_r = \frac{R}{N} \times 100\% \tag{8-12}$$

式中　R——评价时段内数据上报成功次数；

N——评价时段内应上报次数。

（9）数据完整率 D_r。考虑到同一时刻下预测功率数据或实测功率数据
出现异常或缺失时无法计算对应的误差指标，提出了数据完整率的统计指
标，计算方法为

$$D_r = \frac{n_{all} - n_{fault}}{n_{all}} \tag{8-13}$$

式中　n_{all}——统计时段内的样本总量；

n_{fault}——不合格数据数量。

不同评价指标可从不同角度对预测结果的优劣进行评价，单一评价指
标很难得到全面的评估结果。下面将结合两个具体示例来分析典型评价指
标的局限性：

（1）平均绝对误差的局限性。平均绝对误差能够反映预测结果与实际
结果的平均偏离程度，由于不能体现预测误差的正负偏离特性，可能使偏
中性的预测结果占优。图 8-1 中，尽管两组结果的平均绝对误差数值相近，
但图 8-1（a）的功率预测结果明显没有体现光伏发电功率的日特性，仅
给出了单一的平均值结果，而图 8-1（b）的功率预测结果虽捕捉到了光
伏发电的日特性，但由于中间部分预测功率相对实际功率过高，导致平均
绝对误差反而偏大。

（2）相关性系数的局限性。相关系数能够反映预测功率与实际功率的
线性相关性，即对光伏发电功率波动趋势预测准确性的表征程度，但无法
体现预测与实际的幅值偏差。图 8-2（a）中预测功率曲线和实际功率曲

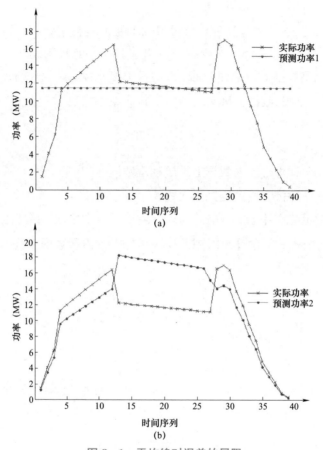

图 8-1　平均绝对误差的局限

（a）平均绝对误差 3.07MW；（b）平均绝对误差 3.09MW

线呈现完美的线性正相关特性，但同时也存在明显的幅值偏差，图 8-2（b）中相关系数略差。虽然单纯从相关系数的指标上评价，图 8-2（a）优于图 8-2（b），但从逐点误差来看，图 8-2（b）中的预测误差明显小于图 8-2（a）。

　　由于单一评价指标存在不同程度的局限性，为反映预测的整体状态，在实际应用中，可考虑不同的预测指标，构建综合评价指标，更加全面地对预测功率的优劣做出综合性评价。

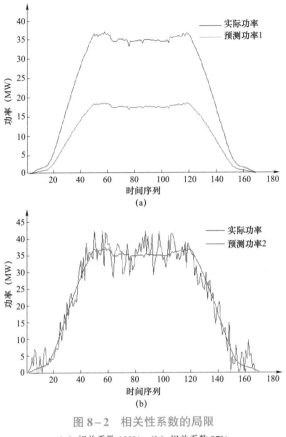

图 8-2 相关性系数的局限

（a）相关系数 100%；（b）相关系数 97%

8.2 应 用 实 例

针对单光伏电站和区域光伏电站进行实例分析，利用历史实际功率和预测功率，给出具体实例的评价指标值。

8.2.1 单光伏电站实例

以山东省 5 个光伏电站和江苏省 4 个光伏电站为例，进行单光伏电站发电功率预测结果的评价。两个省的电站地理位置分别如图 8-3 和图 8-4 所示，电站分布较为分散，且处于不同的地貌条件下。表 8-1 和表 8-2 分别给出了两个省的光伏电站数据信息，山东省光伏电站的装机容量为

8～40MW，江苏省所选光伏电站的装机容量较大，均在 100MW 以上。算例统计了 2017 年 11 月 1 日～2018 年 10 月 30 日共一年的数据，数据的时间分辨率为 15min，其中预测数据为调度端的预测系统生产的日前短期功率预测结果。由于光伏电站实际功率中存在异常数据，经过筛选和分析，各场站的数据完整率 D_r 在 90%左右。

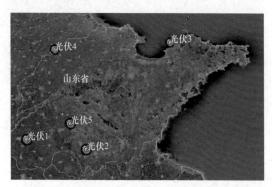

图 8-3　山东省 5 个光伏电站的地理位置

表 8-1　　　　　　　　山东省 5 个光伏电站的数据信息

光伏电站序号	装机容量（MW）	统计起止时间	数据完整率 D_r（%）
1	30	2017 年 11 月 1 日～2018 年 10 月 30 日	86.46
2	8	2017 年 11 月 1 日～2018 年 10 月 30 日	88.78
3	15	2017 年 11 月 1 日～2018 年 10 月 30 日	89.48
4	40	2017 年 11 月 1 日～2018 年 10 月 30 日	88.28
5	12	2017 年 11 月 1 日～2018 年 10 月 30 日	88.41

图 8-4　江苏省 4 个光伏电站的地理位置

表 8-2　　　　　　　　　江苏省 4 个光伏电站的数据信息

光伏电站序号	装机容量（MW）	统计起止时间	数据完整率 D_τ（%）
1	122.58	2017 年 11 月 1 日～2018 年 10 月 30 日	86.71
2	118.8	2017 年 11 月 1 日～2018 年 10 月 30 日	81.23
3	109.9	2017 年 11 月 1 日～2018 年 10 月 30 日	83.96
4	100	2017 年 11 月 1 日～2018 年 10 月 30 日	90.60

1. 全年的整体分析结果

根据 8.1 给出的评价指标，分别对山东省和江苏省所选光伏电站的全年数据进行了整体的统计分析，评价指标分别见表 8-3 和表 8-4。由于光伏电站在凌晨和夜间是没有输出功率的，预测功率和实际功率均为 0，预测精度 100%，统计意义不大。因此，在进行误差统计分析时，均去除了凌晨和夜间数据。表中合格率 Q_R 的阈值 $T=0.25$。

表 8-3　　　　　　　　山东省光伏电站评价指标统计结果

光伏电站序号	E_{rmse}（标幺值）	C_R（%）	E_{mae}（标幺值）	r（标幺值）	Q_R（%）	E_{ex}（%）	E_{exp}（%）	E_{exn}（%）	P_{95p}（%）	P_{95n}（%）
1	0.122 5	87.75	0.089 7	0.86	94.25	67.83	67.83	-51.10	27.53	-25.10
2	0.190 1	80.99	0.139 0	0.84	85.24	91.25	91.25	-52.63	42.00	-16.63
3	0.160 9	83.91	0.117 9	0.86	89.15	79.93	79.93	-60.73	37.47	-24.87
4	0.167 2	83.28	0.105 1	0.77	91.09	94.30	59.68	-94.30	28.70	-36.13
5	0.177 7	82.23	0.120 4	0.77	85.77	92.00	92.00	-54.58	44.83	-24.00

表 8-4　　　　　　　　江苏省光伏电站评价指标统计结果

光伏电站序号	E_{rmse}（标幺值）	C_R（%）	E_{mae}（标幺值）	r（标幺值）	Q_R（%）	E_{ex}（%）	E_{exp}（%）	E_{exn}（%）	P_{95p}（%）	P_{95n}（%）
1	0.135 1	86.49	0.098 0	0.86	92.49	59.89	59.89	-56.39	32.42	-22.68
2	0.166 2	83.38	0.112 1	0.73	87.84	79.52	79.52	-73.70	35.87	-41.23
3	0.162 7	83.73	0.110 2	0.78	89.46	86.21	86.21	-83.13	37.24	-32.59
4	0.164 9	83.51	0.110 6	0.79	89.34	79.05	67.00	-79.05	33.19	-47.05

2. 单光伏电站详细分析结果

以山东省光伏电站 1 为例进一步分析讨论不同月份、不同功率等级条件下的预测评价指标。图 8-5 给出了光伏电站 1 某 7 天预测功率和实际功率的时间序列，可以发现，这 7 天的预测功率整体偏低。第三天光照条件较差，功率有剧烈的波动，可见，日前预测虽然能较好跟踪功率变小的趋势，但难以捕捉剧烈的功率瞬时波动现象。

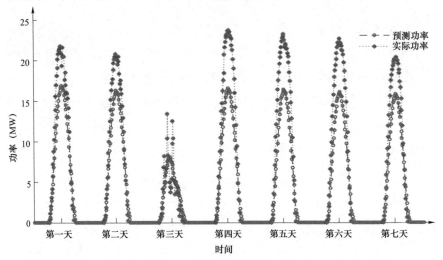

图 8-5　山东省光伏电站 1 某 7 天的预测功率和实际功率时间序列

表 8-5 给出了光伏电站 1 各月的评价指标统计结果，可以发现各月的差异比较明显，其中 5 月和 7 月相对较差，4 月和 11 月相对较好，不同月份预测精度的变化体现了光伏发电功率预测的季节性差异。此外，由于不同季节夜晚时长不同，以及异常数据的分布不均，不同月份的样本数据量并不完全相同。

表 8-5　　　　　　　　　　光伏电站 1 各月评价指标统计结果

月份	E_{rmse} （标幺值）	C_R （%）	E_{mae} （标幺值）	r （标幺值）	Q_R （%）	E_{ex} （%）	E_{exp} （%）	E_{exn} （%）	P_{95p} （%）	P_{95n} （%）
1	0.143 9	85.61	0.109 1	0.79	90.04	41.67	41.67	−35.57	30.77	−28.90
2	0.145 7	85.43	0.115 3	0.90	91.03	38.30	26.57	−38.30	18.00	−28.40
3	0.114 1	88.59	0.084 3	0.91	95.10	37.70	37.70	−37.57	26.57	−23.77

月份	E_{rmse}（标幺值）	C_R（%）	E_{mae}（标幺值）	r（标幺值）	Q_R（%）	E_{ex}（%）	E_{exp}（%）	E_{exn}（%）	P_{95p}（%）	P_{95n}（%）
4	0.089 1	91.09	0.067 0	0.95	97.66	40.63	40.63	−25.43	20.10	−17.37
5	0.154 2	84.58	0.108 9	0.82	89.17	67.83	67.83	−43.57	37.13	−30.13
6	0.116 7	88.33	0.086 3	0.91	95.38	47.97	47.97	−34.93	25.13	−22.20
7	0.128 0	87.20	0.093 7	0.84	93.38	56.87	56.87	−33.83	31.73	−21.67
8	0.117 4	88.26	0.085 2	0.86	93.97	51.10	47.80	−51.10	23.10	−30.10
9	0.117 8	88.22	0.086 6	0.88	94.93	49.10	49.10	−43.00	24.60	−25.27
10	0.109 3	89.07	0.084 6	0.92	98.35	41.40	41.40	−28.20	21.50	−21.27
11	0.101 5	89.85	0.079 7	0.91	98.08	35.17	25.73	−35.17	16.43	−22.57
12	0.109 2	89.08	0.073 7	0.89	94.83	54.43	54.43	−14.33	29.50	−10.47

　　为分析不同功率等级下预测模型的预测精度，对光伏电站功率数据按照功率水平进行了划分。图 8−6 给出了光伏电站 1 的功率分布直方图及功率区间划分，其分布呈现出低功率样本大量累积的特点，功率区间的划分根据样本数量等分的原则划分为功率由低到高的 3 个区间，3 个功率区间的分界为 4MW 和 14MW。3 个区间的功率预测评价结果见表 8−6，3 个功率区间的预测效果存在一定的差异，功率区间 I 中由于大量功率接近 0，

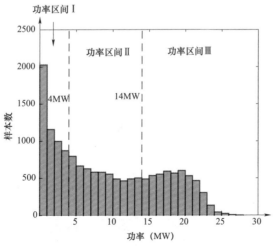

图 8−6　光伏电站 1 功率分布直方图及功率区间划分

预测精度较高。此外，按照功率等级的划分方法，指标中相关性系数变得很低。这是因为在单一功率区间内，功率的取值范围很窄，在有限的取值范围内，更容易出现较高数值对应较低数值的反相关现象，从而显著降低线性相关性。

表 8-6　　　光伏电站 1 不同功率区间下的预测评价指标

功率区间	E_{rmse}（标幺值）	C_R（%）	E_{mae}（标幺值）	r（标幺值）	Q_R（%）	E_{ex}（%）	E_{exp}（%）	E_{exn}（%）	P_{95p}（%）	P_{95n}（%）
I	0.100 5	89.95	0.063 4	0.53	95.78	67.83	67.83	−12.20	25.07	−5.57
II	0.131 9	86.81	0.101 0	0.49	93.60	58.63	58.63	−38.20	31.77	−19.50
III	0.131 6	86.84	0.103 8	0.43	93.42	51.10	30.73	−51.10	14.77	−28.30

8.2.2　区域光伏电站实例

以山东省和江苏省光伏电站总功率为分析对象，进行预测指标的统计分析。数据统计时间为 2017 年 11 月 1 日～2018 年 10 月 30 日，山东省光伏发电总装机容量为 6523.77MW，江苏省光伏发电总装机容量为 1460MW。预测数据是由系统生产的日前短期功率预测结果。图 8-7 和图 8-8 分别给出了山东省和江苏省连续 7 天的总功率预测及实际功率的时间序列，与

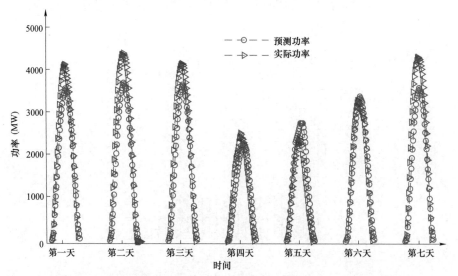

图 8-7　山东省光伏发电连续 7 天的预测总功率和实际总功率时间序列

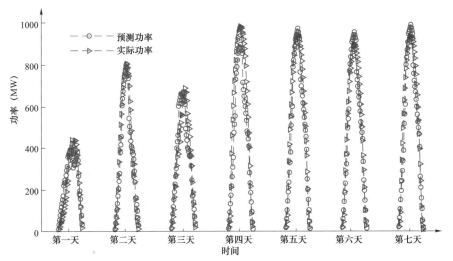

图 8-8　江苏省光伏发电连续 7 天的预测总功率和实际总功率时间序列

单光伏电站功率序列相比，全省总功率的曲线更加平滑，基本为对称的拱
形曲线，没有明显的功率剧烈波动的情形。图中预测结果可以很好地跟踪
不同光照条件下的光伏发电曲线。表 8-7 和表 8-8 分别给出了山东省和
江苏省统计时间内全部数据的各预测指标评价结果。

表 8-7　　山东省光伏发电统计时间内的总功率预测评价结果

E_{rmse} （标幺值）	C_R （%）	E_{mae} （标幺值）	r （标幺值）	Q_R （%）	E_{ex} （%）	E_{exp} （%）	E_{exn} （%）	P_{95p} （%）	P_{95n} （%）
0.076 1	92.39	0.052 5	0.94	98.82	47.65	47.65	−22.92	17.78	−11.72

表 8-8　　江苏省光伏发电统计时间内的总功率预测评价结果

E_{rmse} （标幺值）	C_R （%）	E_{mae} （标幺值）	r （标幺值）	Q_R （%）	E_{ex} （%）	E_{exp} （%）	E_{exn} （%）	P_{95p} （%）	P_{95n} （%）
0.079 6	92.04	0.054 7	0.90	98.76	44.67	44.67	−39.33	15.34	−19.05

表 8-9 和表 8-10 分别给出了山东省和江苏省光伏发电总功率预测各
月的统计指标，相对于单光伏电站预测结果，全省各月预测结果间的差异
有所降低。

表 8－9　　　山东省光伏发电总功率预测各月的评价指标

月份	E_{rmse}（标幺值）	C_R（%）	E_{mae}（标幺值）	r（标幺值）	Q_R（%）	E_{ex}（%）	E_{exp}（%）	E_{exn}（%）	P_{95p}（%）	P_{95n}（%）
1	0.086 1	91.39	0.058 1	0.90	99.15	27.43	27.43	−12.59	20.76	−9.67
2	0.117 7	88.23	0.068 8	0.80	91.70	47.65	47.65	−11.54	35.61	−9.24
3	0.064 8	93.52	0.045 7	0.95	99.94	25.72	25.72	−22.92	13.12	−14.04
4	0.075 7	92.43	0.056 9	0.98	99.56	33.62	33.62	−2.55	14.76	−2.24
5	0.105 3	89.47	0.076 2	0.94	96.46	34.18	34.18	−22.89	23.61	−14.37
6	0.071 5	92.85	0.055 8	0.97	100.00	24.11	24.11	−13.69	14.97	−9.84
7	0.045 8	95.42	0.035 7	0.98	100.00	13.73	13.73	−12.80	9.35	−9.88
8	0.040 7	95.93	0.029 5	0.98	100.00	20.16	20.16	−14.42	8.68	−9.16
9	0.048 3	95.17	0.035 2	0.98	100.00	19.15	19.15	−14.01	11.01	−10.26
10	0.072 2	92.78	0.055 4	0.95	100.00	19.04	18.90	−19.04	10.43	−16.16
11	0.060 9	93.91	0.048 1	0.91	100.00	21.51	21.51	−12.99	14.75	−9.28
12	0.095 4	90.46	0.070 6	0.92	97.77	28.85	28.85	−9.78	21.13	−7.44

表 8－10　　　江苏省光伏发电总功率预测各月的评价指标

月份	E_{rmse}（标幺值）	C_R（%）	E_{mae}（标幺值）	r（标幺值）	Q_R（%）	E_{ex}（%）	E_{exp}（%）	E_{exn}（%）	P_{95p}（%）	P_{95n}（%）
1	0.104 3	89.57	0.073 8	0.84	97.80	34.57	34.57	−30.96	17.07	−23.73
2	0.105 9	89.41	0.078 7	0.89	98.27	30.68	29.49	−30.68	17.44	−22.45
3	0.082 7	91.73	0.054 4	0.92	97.82	32.92	30.76	−32.92	14.02	−20.47
4	0.060 1	93.99	0.042 7	0.96	100.00	23.95	23.95	−18.84	12.46	−13.55
5	0.074 6	92.54	0.048 5	0.92	98.01	36.08	36.08	−30.60	16.92	−13.44
6	0.060 8	93.92	0.041 9	0.94	99.77	27.64	22.21	−27.64	10.26	−17.82
7	0.059 2	94.08	0.043 0	0.96	100.00	23.78	20.91	−23.78	6.67	−14.59
8	0.064 9	93.51	0.045 5	0.93	99.94	25.12	21.35	−25.12	12.97	−15.41
9	0.074 6	92.54	0.052 0	0.91	99.33	39.33	22.44	−39.33	13.87	−18.45
10	0.067 0	93.30	0.051 7	0.93	100.00	22.92	22.92	−18.75	13.26	−14.09
11	0.098 2	90.18	0.068 4	0.87	96.82	34.84	32.06	−34.84	20.04	−23.62
12	0.105 3	89.47	0.075 5	0.87	95.89	44.67	44.67	−33.48	25.38	−18.08

将山东省和江苏省的功率数据分别按照图 8−9 和图 8−10 的分布直方图进行功率区间的划分，并进行不同功率等级划分下的误差统计。表 8−11和表 8−12 分别给出了山东省和江苏省相对应的各指标统计结果。可见，不同规律水平下的误差分布呈现与单光伏电站类似的特性，但由于区域平滑效应的作用，各项误差指标显著下降。

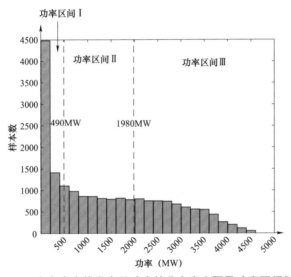

图 8−9　山东省光伏发电总功率的分布直方图及功率区间划分

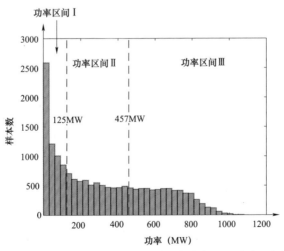

图 8−10　江苏省光伏发电总功率的分布直方图及功率区间划分

表 8-11　山东省光伏发电总功率预测的各功率区间统计结果

功率区间	E_{rmse}（标幺值）	C_R（%）	E_{mae}（标幺值）	r（标幺值）	Q_R（%）	E_{ex}（%）	E_{exp}（%）	E_{exn}（%）	P_{95p}（%）	P_{95n}（%）
I	0.058 7	94.13	0.026 8	0.44	98.16	47.65	47.65	−5.76	10.27	−2.60
II	0.086 7	91.33	0.065 6	0.65	98.74	33.62	33.62	−15.26	20.31	−9.97
III	0.080 0	92.00	0.064 7	0.73	99.55	34.18	34.18	−22.92	15.86	−14.04

表 8-12　江苏省光伏发电总功率预测的各功率区间统计结果

功率区间	E_{rmse}（标幺值）	C_R（%）	E_{mae}（标幺值）	r（标幺值）	Q_R（%）	E_{ex}（%）	E_{exp}（%）	E_{exn}（%）	P_{95p}（%）	P_{95n}（%）
I	0.038 4	96.16	0.023 9	0.71	99.93	27.35	27.35	−8.43	8.10	−5.99
II	0.086 2	91.38	0.061 7	0.52	97.88	44.67	44.67	−30.16	21.68	−15.08
III	0.100 3	89.97	0.078 1	0.62	98.47	39.33	23.52	−39.33	15.36	−21.75

第 9 章

光伏发电功率预测系统及应用

按照系统部署地点和应用范围的不同，光伏发电功率预测系统主要分为调度端功率预测主站系统和光伏电站端功率预测子站系统。调度端功率预测主站系统主要用于区域光伏发电功率预测，并对各个光伏电站功率预测的准确性进行评价。光伏电站端功率预测子站系统主要用于单光伏电站的功率预测，并向调度端功率预测主站系统上传功率预测结果。目前主流的系统架构为：调度端基于 D5000 平台开发，光伏发电功率预测作为 D5000 新能源监测与调度模块的一个子功能模块；光伏电站端一般为独立的系统，采用 B/S（浏览器/服务器）或 C/S（客户端/服务器）模式。调度端和电站端的系统均必须满足相关标准，如《光伏发电站功率预测系统技术要求》（NB/T 32011—2013）的要求及电力二次系统安全防护的规定。

9.1 预测系统及其要求

光伏发电功率预测系统的主要功能包括数据采集与处理、功率预测曲线展示、数据统计分析及人机交互界面等，各个功能的关系如图 9-1 所示。

9.1.1 基本要求

光伏发电功率预测系统应结合光伏发电历史及实测数据，采用适当的预测方法构建预测模型，在此基础上建立光伏发电功率预测系统。光伏发电功率预测系统一般应包括 NWP 处理模块、实时气象处理模块、短期功率预测模块、超短期功率预测模块、系统人机界面、数据库、数据交换接口等。

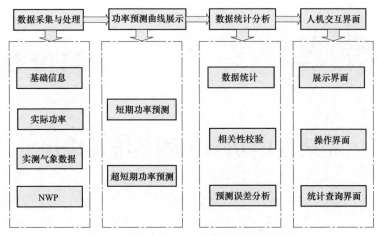

图 9-1　光伏发电功率预测系统主要功能

9.1.1.1　调度端功率预测主站系统建设要求

调度端功率预测主站系统主要是用来进行区域各光伏电站未来一定时间段内光伏发电功率预测，作为调度部门编制光伏发电计划的依据，同时主站系统还要满足光伏电站子站系统接入及对电站上传预测结果评价考核的需要。大规模光伏发电接入的省级调度中心需要建设光伏发电功率预测主站系统，主站系统建设应满足以下四点要求：

（1）依据电力系统发展规划，一般按照省级调度所管辖区域内光伏电站发展的规模要求进行系统建设，并适度考虑未来若干年后光伏电站进一步发展、扩充的需要。

（2）在时间尺度要求上，应至少具备光伏发电短期和超短期功率预测的功能，用于制订日前和日内发电计划；在空间尺度要求上，应能对单光伏电站、区域光伏电站和全网光伏电站的光伏发电输出功率进行预测，即主站系统需具备局部和全网光伏发电功率预测的能力。

（3）应能根据光伏发电功率预测误差评价考核要求，对光伏电站上报的功率预测数据进行评价与考核，并可设置免考核时段（如光伏电站功率受限时段）。

（4）纵向上须满足光伏发电站功率预测子站信息上传及接入的需要，主站系统所用的实测辐照度、温度等气象数据可通过站端功率预测子站系统上传获取；横向上须与数据采集与监视控制系统（SCADA）前置采集、发电计划等系统之间有良好的数据接口。

9.1.1.2 光伏电站端功率预测子站系统建设要求

集中式光伏电站应具备光伏发电功率预测的能力并建设功率预测子站系统，子站系统需满足以下三点要求：

（1）子站系统向调度端功率预测主站系统至少上报次日 96 点光伏发电功率预测曲线，上报时间可根据省级调度机构要求进行设置；每 15min 上报一次未来 4h 的超短期功率预测曲线；上报与预测曲线相同时段的光伏电站预计开机容量。

（2）子站系统还需向调度端主站系统上传光伏电站实测辐照度、温度等气象数据，时间间隔一般不大于 5min。

（3）子站系统与光伏电站运行监控系统、逆变器监控系统之间须具备良好的数据接口，确保子站系统所需运行数据的完整性和实时性。

9.1.2 软件配置要求

光伏发电功率预测系统典型的软件模块及功能如下：

（1）预测系统数据库。预测系统的数据中心，各软件模块均通过系统数据库完成数据的交互。系统数据库存储来自 NWP 处理模块的 NWP 数据、预测模块产生的预测结果数据和能量管理系统（EMS）接口模块获取的光伏电站实际功率数据等。

（2）NWP 处理模块。从 NWP 服务商的服务器下载 NWP 数据，经过处理后形成各光伏电站预测时段的 NWP 数据送入预测系统数据库。

（3）实时气象数据处理模块。光伏电站端子站系统接收自动气象站的数据，主要包括辐照度、温度、风速等，经过处理，实时传送至预测系统数据库服务器；调度端主站系统接收子站系统上报的实时气象数据。

（4）短期功率预测模块。从系统数据库中取出 NWP 数据，由预测模型计算出未来 72h 的预测结果，并将预测结果送回系统数据库，一般每天执行两次。

（5）超短期功率预测模块。从系统数据库中取出各光伏电站功率数据、实测气象数据和 NWP 数据，由预测模型计算出未来 4h 的输出功率，并将预测结果送回系统数据库，每 15min 执行一次。

（6）EMS 接口模块。将光伏电站的实际功率数据传送到系统数据库中。

（7）图形用户界面模块。与用户交互，完成数据及曲线显示、系统管理及维护等功能。

光伏发电功率预测系统的软件配置要求如下：

（1）预测系统应配置通用、成熟的商用数据库，用于数据、模型及参数的存储。

（2）预测系统软件应在统一的支撑平台上实现，具有统一风格的人机界面。

（3）预测系统软件应采用模块化划分，单个功能模块故障不影响整个预测系统的运行。

（4）预测系统应具有可扩展性，支持用户和第三方应用程序的开发。

（5）预测系统应采用权限管理机制，确保系统操作的安全性。

9.1.3 预测模型要求

短期功率预测模型应满足下列要求：

（1）应能预测次日零时起至未来 72h 的光伏电站输出功率，时间分辨率为 15min。

（2）短期功率预测输入应至少包括 NWP 数据、设备状态数据等。

（3）短期功率预测应考虑检修、故障等不确定因素对光伏电站输出功率的影响。

（4）预测模型应具有可扩展性，可满足新建、已建和扩建光伏电站的功率预测。

（5）宜采用多种预测方法建立预测模型，形成最优预测策略。

（6）根据 NWP 的发布次数进行短期功率预测，单次计算时间应小于 5min。

超短期功率预测模型应满足下列要求：

（1）能预测未来 15min～4h 的光伏电站输出功率，时间分辨率为 15min。

（2）预测模型的输入应包括 NWP 数据、实测功率数据、实测气象数据及设备状态数据等。

（3）预测应 15min 执行一次，动态更新预测结果，单次计算时间应小于 5min。

功率预测数据输出应符合下列要求：

（1）光伏电站端功率预测子站系统应具备向调度机构上报光伏电站短期、超短期功率预测数据的功能。

（2）光伏电站端功率预测子站系统向调度机构上报光伏发电功率预测曲线的同时，应上报与预测曲线相同时段的光伏电站预计开机容量。

（3）光伏电站端功率预测子站系统应能够向上级调度机构实时上报气象监测站的气象监测数据。

（4）调度端功率预测主站系统应能够接收场站端上报的数据，以及向调度计划系统发送预测数据。

9.1.4　数据统计要求

光伏发电功率预测系统的数据统计包含光伏电站运行参数统计、实时气象数据统计及预测误差统计，具体要求如下：

（1）运行参数统计应包括发电量、有效发电时间、最大功率及其发生时间、利用小时数及平均负荷率等。

（2）实时气象数据统计应包括各气象要素的平均值。

（3）预测误差统计至少应包括均方根误差、平均绝对误差、相关性系数、最大预测误差、合格率等。

（4）参与统计数据的时间范围应能任意选定，可根据光伏电站所处地理位置的日出、日落时间自动剔除凌晨和夜间时段。

（5）各指标的统计计算时间应小于 1min。

9.1.5　人机界面要求

光伏发电功率预测系统的人机界面应满足如下要求：

（1）应具备光伏电站功率监视页面，以地图形式展示光伏电站布局，至少同时显示实际功率、预测功率及各实测气象要素，数据更新时间应不大于 5min。

（2）应具备光伏电站功率曲线展示页面，应同时显示系统预测曲线、实际功率曲线，实际功率曲线应动态更新且更新时间应不大于 5min。

（3）应具备历史数据曲线查询页面，至少提供日、周等时间区间的曲线展示，页面查询时间应小于 1min。

（4）应提供数据统计分析页面，提供饼图、柱形图、表格等多种可视化展示手段。

（5）系统页面应采用统一的风格，页面布局合理，便于运行人员使用。

9.2 数 据 要 求

光伏发电功率预测系统的数据要求主要包含数据采集、数据处理及数据存储 3 个方面。

9.2.1 数据采集

系统需要采集的数据至少应包括 NWP 数据、实时气象数据、实时功率数据、运行状态数据等，不同类型的数据采集有特定的要求。

NWP 数据应满足以下要求：

（1）应至少包括次日零时起未来 3 天的 NWP 数据，时间分辨率为 15min。

（2）NWP 数据至少应包括辐照度、云量、气温、湿度、风速、风向、气压等参数。

（3）每天至少提供两次 NWP 数据。

实时气象数据应满足以下要求：

（1）实时气象信息采集设备的技术指标应满足《光伏发电站太阳能资源实时监测技术要求》（GB/T 30153—2013）的要求。

（2）实时气象数据应包括辐照度、环境温度、湿度、风速、风向等，宜包括直射辐照度、散射辐照度、气压等参数。

（3）传输时间间隔应不大于 5min。

（4）采集数据可用率应大于 95%。

实时功率数据、设备运行状态数据（含光伏组件温度）应取自光伏电站计算机监控系统，采集时间间隔应不大于 5min。

所有数据的采集应能自动完成，并能通过手动方式补充录入。所有实时数据的时间延迟应不大于 1min。

9.2.2　数据处理

系统需要对采集的数据进行完整性及合理性检验，并对缺测和异常数据进行补充和修正。

数据完整性检验应满足以下要求：

（1）数据的数量应等于预期记录的数据数量。

（2）数据的时间顺序应符合预期的开始、结束时间，中间应连续。

数据合理性检验应满足以下要求：

（1）对实时功率数据、NWP 数据、实测气象数据进行越限检验，可手动设置限值范围。

（2）根据实测气象数据与功率数据的关系对数据进行相关性检验。

缺测和异常数据宜按下列要求处理：

（1）用前一时刻的功率数据补全缺测或异常的功率数据。

（2）用零替代小于零的功率数据。

（3）缺测或异常的气象数据可根据相关性原理由其他气象要素进行修正；不具备修正条件的以前一时刻数据替代。

（4）所有经过修正的数据以特殊标识记录并可查询。

（5）所有缺测和异常数据均可由人工补录或修正。

9.2.3　数据存储

光伏电站的历史数据对于预测建模及预测结果的统计分析均十分重要，故系统需要对数据进行合理存储，以保证历史数据的真实性和完整性。

（1）实时采集的数据应作为原始资料正本保存并备份，不得对正本数据进行任何改动。

（2）存储系统运行期间所有时刻的 NWP 数据。

（3）存储系统运行期间所有时刻的功率数据、实时气象数据。

（4）存储每次执行的短期功率预测的所有预测结果及时标。

（5）存储每 15min 滚动执行的超短期功率预测的所有预测结果及时标。

（6）预测曲线经过人工修正后的，应存储修正前后的所有预测结果及时标。

（7）所有数据至少保存 10 年。

9.3 调度端部署方案

光伏发电功率预测系统在调度端的部署方案包括硬件部署及系统运行接口两个方面。系统部署需满足电网的安全规定，并可长期稳定运行。一般来说，系统需部署在调度Ⅱ区，通过隔离装置以 E 文件的格式进行数据的跨区传送，确保数据传输的安全性。

9.3.1 硬件部署方案

调度端功率预测主站系统主要包括的设备有 NWP 服务器、系统应用服务器（主备配置）、web 服务器、数据交互服务器、正向和反向物理隔离装置、工作站、网络设备及其他附属设备。

NWP 服务器放置于互联网上，需将下载的 NWP 数据定时传送至调度Ⅱ区的系统应用服务器，根据网络安全防护规定及光伏发电功率预测系统本身的结构，采用反向隔离装置以 E 语言格式进行数据单向传输的方式，实现 NWP 数据的跨区传送，确保信息传输的安全。数据交互服务器用于接收光伏电站上报的数据。

调度端功率预测主站系统的硬件部署方案如图 9-2 所示。系统应用服务器部署在电力调度Ⅱ区，采用冗余配置，部署预测系统主程序，完成预测及展示、数据存储、用户交互等功能。由于该系统部署在调度Ⅱ区，为了方便调度人员在调度Ⅲ区使用该系统，需要在调度Ⅲ区内部署 web 服务器。采用正向物理隔离装置将调度Ⅱ区系统应用服务器的数据传送至调度Ⅲ区内的 web 服务器。

9.3.2 系统运行接口

调度端功率预测主站系统是 D5000 平台下新能源监测与调度系统的子模块，系统实时运行需要从 D5000 基础平台获取相关基础数据，包括实时功率数据等，另外系统需将预测结果输出至 D5000 基础平台以用于其他应用。

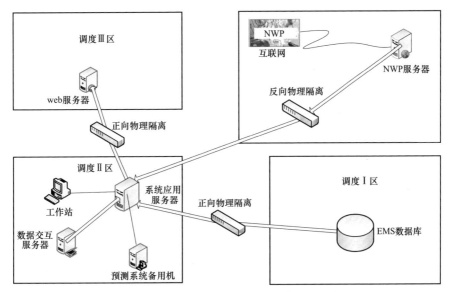

图 9-2　调度端功率预测主站系统部署方案

　　光伏发电功率预测系统在线运行需提供以下运行接口：

　　（1）实时功率采集接口。光伏电站实时功率数据可通过 D5000 基础平台采集，通过正向隔离由 I 区传送至 II 区的系统应用服务器，系统应用服务器上需部署实时功率的采集程序，该程序自动完成数据处理，并存入系统应用服务器的数据库，供系统使用，采集频率一般不大于 5min。

　　（2）NWP 数据接口。NWP 服务器位于互联网上，需要定时由指定 FTP 下载 NWP 数据，并通过反向隔离装置以 E 语言的格式传送至位于调度 II 区的系统应用服务器。

　　（3）光伏电站上传实测气象数据接口。光伏电站需通过电力调度数据网将辐照度、环境温度、相对湿度等数据实时传送至省调端 II 区的数据交互服务器，采用的传输协议大多为 IEC-102 规约，传送频率可调，一般为 5min。

　　（4）光伏电站上传运行状态数据接口。通过电力调度数据网，以光伏电站为单位，将当前正常运行的开机总容量实时传至系统主站端数据交互服务器，采用的传输协议大多为 IEC-102 规约，传送频率可调，一般为 5min。

（5）光伏电站上传预测结果接口。光伏电站定时上报短期和超短期功率预测结果至主站端数据交互服务器，主站端预测系统将对子站端预测结果进行同步展示并进行误差统计。

（6）光伏电站装机容量采集接口。光伏电站装机容量出现变更时，应及时对装机容量进行更新，可采用手动方式和自动方式进行。

光伏发电功率预测系统在线运行需提供以下数据输出接口：

（1）短期功率预测模块每天自动执行一次，根据调度部门制订日前发电计划的需求，系统定时将预测结果送至调度计划系统。

（2）超短期功率预测模块每 15min 自动执行一次，并将每一时刻未来4h 的预测结果按照调度部门的要求传送至特定位置用于其他应用。

9.4 光伏电站端部署方案

光伏发电功率预测系统在光伏电站端的部署方案包括硬件部署及系统运行接口两个方面。根据要求，系统需部署在光伏电站的安全Ⅱ区，在保证光伏电站内部相关系统的数据传输安全性和稳定性的同时，需要根据所在地区电网的要求，建立与调度端系统的协调运行方式，实现数据交互。

9.4.1 硬件部署方案

光伏电站端功率预测子站系统应部署于安全Ⅱ区，主要包括的设备有NWP 服务器、监控系统服务器、系统应用服务器（主备配置）、反向物理隔离装置、防火墙、工作站、网络设备及其他附属设备。

光伏电站端硬件部署方案如图 9-3 所示。光伏电站端的部署方案大体与调度端类似，其中气象数据处理服务器部署于互联网，用于接收 NWP数据，经过处理以标准的 E 语言格式通过反向隔离装置传送至安全Ⅱ区的系统应用服务器。监控系统服务器部署于安全Ⅰ区，用于采集光伏电站的运行数据，并通过防火墙传输至应用服务器。

9.4.2 系统运行接口

光伏电站端功率预测子站系统在线运行需提供以下数据输入接口：

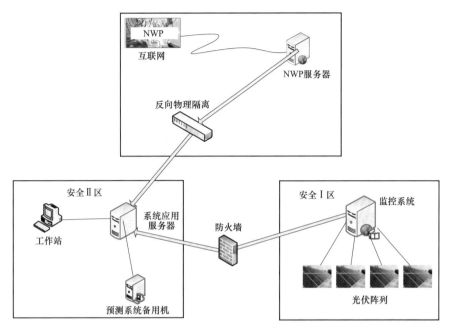

图 9－3 光伏电站端预测子站系统部署方案

（1）实时功率采集接口。光伏电站实时功率数据应取自监控系统，数据采集频次宜为 5min/次。

（2）NWP 数据接口。NWP 服务器位于互联网上，定时由指定 FTP 下载 NWP 数据，并通过反向隔离装置以 E 语言的格式传送至位于安全区 Ⅱ 的预测服务器。

（3）实时气象数据接口。实时气象数据通过光纤或可靠的传输方式实时传送至监控系统，经过处理传送至安全 Ⅱ 区的系统应用服务器。数据包括实时辐照度、环境温度、相对湿度、风速等，数据的采集频次一般为 5min/次。

（4）光伏电站预计开机容量接口。为了保证系统的运行效果，系统应配备专人维护，定时输入次日的 96 点预计开机容量，用以修正预测结果。

（5）光伏电站装机容量接口。光伏电站装机容量出现变化时，应通过该接口手动更新装机容量，以保证系统的预测效果。

光伏电站端功率预测子站系统需要与调度端功率预测主站系统进行数

据交互，数据交互类型及其要求有以下四个方面：

（1）短期预测功率及预计开机容量。

1）每天上报一次。

2）功率为次日0时起至未来72h的288点短期预测功率，单位为MW，时间间隔15min。

3）数据应包含光伏电站序号、时标（预测时间）、预测功率和预计开机容量。

（2）超短期预测功率。

1）每15min上报一次。

2）功率为未来15min～4h的16点超短期预测功率，单位为MW，时间间隔15min。

3）数据应包含光伏电站序号、时标（预测时间）、预测功率和预计开机容量。

（3）实时气象数据。

1）每5min上报一次当前时刻的采集数据。

2）数据应包括光伏电站序号、时标、气象要素（辐照度、环境温度）等信息。

（4）实时开机容量。

1）每15min上报一次。

2）开机容量为当前正常运行机组的总容量，单位为MW。

3）数据应包含光伏电站序号、时标和开机容量。

调度端建设光伏发电功率预测主站系统，基于区域光伏功率预测结果制订调度计划，以促进光伏的消纳；光伏电站端建设光伏发电功率预测子站系统，能够根据自身发展情况，不断完善更新基础资料，建立更为精细化的功率预测。子站通过上传预测结果至主站，主站端可以综合利用两组功率预测数据，相互补充。综上所述，主站和子站系统进行必要的数据交互是保障光伏发电功率预测良性应用的基础。光伏发电功率预测系统协调运行方式如图9-4所示。

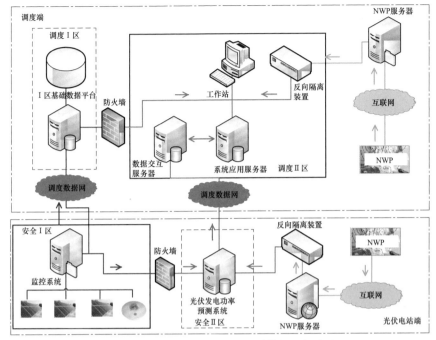

图9-4 光伏发电功率预测系统协调运行方式

参 考 文 献

[1] 龚莺飞，鲁宗相，乔颖，等. 光伏功率预测技术 [J]. 电力系统自动化，2016，40（4）：140−151.

[2] 杜钧. 集合预报的现状和前景 [J]. 应用气象学报，2002，13（1）：16−28.

[3] 沈桐立，田永祥，陈德辉，等. 数值天气预报 [M]. 第2版. 北京：气象出版社，2015.

[4] 许小峰. 从物理模型到智能分析——降低天气预报不确定性的新探索 [J]. 气象，2018，44（3）：341−350.

[5] 张云济，张福青. 集合资料同化方法在强雷暴天气预报中的应用 [J]. 气象科技进展，2018，8（3）：38−52.

[6] BAUER P, THORPE A, BRUNET G. The quiet revolution of numerical weather prediction [J]. Nature，2015，525（7567）：47−55.

[7] KALNAY E. Atmospheric modeling, data assimilation and predictability [M]. Cambridge University Press，2003.

[8] Song Zongpeng, Hu Fei, Liu Yujue, et al. A numerical verification of self-similar multiplicative theory for small-scale atmospheric turbulent convection [J]. Atmospheric and Oceanic Science Letters，2014，7（2）：98−102.

[9] （美）冈萨雷斯，（美）伍兹. 数字图像处理 [M]. 阮秋琦，阮宇智，等译. 第三版. 北京：电子工业出版社，2017.

[10] 崔洋，孙银川，常倬林. 短期太阳能光伏发电预测方法研究进展 [J]. 资源科学，2013，35（7）：1474−1481.

[11] 全生明. 大规模集中式光伏发电与调度运行 [M]. 北京：中国电力出版社，2016.

[12] 陈昌松，段善旭，殷进军. 基于神经网络的光伏阵列发电预测模型的设计[J]. 电工技术学报，2009，24（9）：153−158.

[13] TUOHY A, ZACK J, HAUPT S E, et al. Solar forecasting: methods, challenges, and performance [J]. IEEE Power & Energy Magazine，2015，13（6）：50−59.

［14］ 史佳琪，张建华. 基于深度学习的超短期光伏精细化预测模型研究［J］. 电力建设，2017，38（6）：28－35.

［15］ Wang Fei，Zhen Zhao，Mi Zengqiang，et al. Solar irradiance feature extraction and support vector machines based weather status pattern recognition model for short－term photovoltaic power forecasting［J］. Energy & Buildings，2015，86：427－438.

［16］ Wang Fei，Zhen Zhao，Liu Chun，et al. Image phase shift invariance based cloud motion displacement vector calculation method for ultra－short－term solar PV power forecasting［J］. Energy Conversion & Management，2018，157：123－135.

［17］ 赵欣宇. 光伏发电系统功率预测的研究与实现［D］. 北京：华北电力大学，2012.

［18］ 胥芳，童建军，蔡世波，等. 面向分布式光伏超短期功率预测的云团特征建模［J］. 太阳能学报，2016，37（7）：1748－1755.

［19］ 陈志宝，丁杰，周海，等. 地基云图结合径向基函数人工神经网络的光伏功率超短期预测模型［J］. 中国电机工程学报，2015，35（3）：561－567.

［20］ 丁宇宇，丁杰，周海，等. 基于全天空成像仪的光伏电站水平面总辐射预报［J］. 中国电机工程学报，2014，34（1）：50－56.

［21］ 王继光. 多光谱静止气象卫星云图的云类判别分析与短时移动预测［D］. 长沙：国防科学技术大学，2007.

［22］ 李敏敏. 遥感图像中薄云遮挡影响消除方法研究［D］. 天津：河北工业大学，2011.

［23］ Zhen Zhao，Wang Zheng，Wang Fei，et al. Research on a cloud image forecasting approach for solar power forecasting［J］. Energy Procedia，2017，142：362－368.

光伏发电 功率预测技术及应用

索　引